"十三五"职业教育国家规划教材
浙江省普通高校"十三五"新形态教材

装配式混凝土建筑施工

钟振宇　甘静艳　编著

科学出版社

北京

内 容 简 介

装配式混凝土建筑正在成为我国建筑业转型升级的一个方向，其节省人力、质量可靠、施工周期短等优点受到业内的认可，未来必将成为建筑行业的主流。

本书共分为5个模块，模块1介绍建筑工业化的特点以及装配式建筑一般知识；模块2对预制构件工厂生产进行了全面阐述；模块3讲述施工前的准备工作，特别细述了各机具布置；模块4讲述装配式建筑现场工地安装的核心内容；模块5讲述装配式建筑附属部品安装。

本书内容深入浅出，系统全面，为便于教学配备了小结、实践、习题以及图片、视频等二维码资源链接，适合作为高等学校特别是高职高专院校装配式建筑施工专业相关课程的教材，同时可作为相关工程技术人员的工作参考用书。

图书在版编目（CIP）数据

装配式混凝土建筑施工/钟振宇，甘静艳编著.—北京：科学出版社，2018.3

（"十三五"职业教育国家规划教材·浙江省普通高校"十三五"新形态教材）

ISBN 978-7-03-056051-3

Ⅰ.①装… Ⅱ.①钟…②甘… Ⅲ.①装配式混凝土结构－建筑工程－工程施工－高等职业教育－教材 Ⅳ.①TU37

中国版本图书馆CIP数据核字（2017）第324955号

责任编辑：万瑞达/责任校对：马英菊
责任印制：吕春珉/封面设计：曹 来

科 学 出 版 社 出版
北京东黄城根北街16号
邮政编码：100717
http://www.sciencep.com

三河市骏杰印刷有限公司印刷
科学出版社发行 各地新华书店经销

*

2018年3月第 一 版 开本：787×1092 1/16
2021年8月第八次印刷 印张：10 3/4
字数：256 000
定价：48.00元
（如有印装质量问题，我社负责调换〈骏杰〉）
销售部电话 010-62136230 编辑部电话 010-62130874（VA03）

版权所有，侵权必究
举报电话：010-64030229；010-64034315；13501151303

编写指导委员会

顾问：张季超　教　授　广州大学
　　　　　　　　　　　广东省模块化建筑产业工程技术研究中心主任
　　　　　　　　　　　中国建设教育协会专家委员会委员
主任：赵　研　教　授　黑龙江建筑职业技术学院
　　　　　　　　　　　中国建设教育协会高职与成人教育专业委员会秘书长
委员：（排名不分先后）
　　　王光炎　教　授　枣庄科技职业学院
　　　叶　雯　教　授　番禺职业技术学院
　　　李红立　副教授　重庆工程职业技术学院
　　　潘洪科　副教授　新余学院
　　　胡永平　副教授　番禺职业技术学院
　　　钟振宇　教　授　浙江工业职业技术学院
　　　游普元　教　授　重庆工程职业技术学院
　　　曾　焱　副教授　浙江工业职业技术学院
　　　王　婷　副教授　南昌航空大学
　　　霍海娥　副教授　四川师范大学
　　　谭光伟　教　授　江西中煤建设集团有限公司
　　　马建平　副局长　绍兴市住房和城乡建设局
　　　肖景平　高　工　华汇工程设计集团股份有限公司
　　　陈威文　教　高　华汇工程设计集团股份有限公司
　　　夏　亮　处　长　绍兴市住房和城乡建设局科技处
　　　韩坚强　主　任　绍兴市住建局建筑工业化推进办公室

前 言

最新案例表明，一栋30层的高楼，应用装配式建筑施工技术，12个工人最快只需要180天就可以建成。此效率是惊人的，如果采用传统建造方式，将是很难想象的。

"装配式建筑"是2017年建筑业最为热门的词汇之一。2017年3月，住房和城乡建设部连续印发了《"十三五"装配式建筑行动方案》《装配式建筑示范城市管理办法》《装配式建筑产业基地管理办法》三个文件，这更加助力了装配式建筑的发展。目前，全国已有30多个省市出台了针对装配式建筑及建筑产业现代化发展的指导意见和相关配套措施，很多省市更是对建筑产业化的发展提出了明确要求。而国家层面更是提出到2020年，装配式建筑占新建建筑的比例要达到15%，从而为装配式建筑的发展提供了政策支持。随着装配式建筑的发展为行业带来新气象，建筑行业或将面临洗牌和重构。

职业教育培养的人才必须面对市场需求，而作为人才培养的摇篮，各院校更应该基于行业需求来培养优秀毕业生，因此各院校已经将装配式建筑系列课程的开设提上了日程。目前，我国装配式建筑还处于初期发展阶段，标准众多、厂商众多、市场鱼龙混杂，许多技术并不成熟，一些体系还有待于检验，这给本书编写带来了一定的困难。一套适合的教材是建立在课程标准基础上的，也是建设课程资源的基础。为此，科学出版社协同高等院校、装配式建筑主流厂商、数字媒体企业等联合建设装配式建筑系列教材，同时配备了数字媒体资源，另外，同系列教材《装配式混凝土建筑构造》采用了最新AR技术，在学习本书时可配套使用。本系列教材系统全面、细节接地、深入浅出，方便学生全面掌握市场上主流装配式施工技术。

本书分为五个模块，主要包括绪论、预制构件的加工与制作、施工前准备工作、装配整体式结构工程施工和装配式建筑附件施工，主要内容力求涵盖现有主流装配式混凝土建筑体系。为了方便教学，本书还配有二维码资源链接，模块后附有小结、实践及习题，各学校可以根据实际情况选择。

本书推荐学时安排见下表。

内容	推荐学时	
	理论教学	实践教学
模块1	4	0
模块2	10	4
模块3	12	4
模块4	16	4
模块5	8	4
总计	50	16
	66	

本书编写分工如下：模块1由浙江工业职业技术学院钟振宇编写，模块2由吕燕霞编写，模块3由周何链编写，模块4由甘静艳和钟振宇编写，模块5由李亚和钟振宇编写，全书由钟振宇统稿。

在本书的编写过程中，编者参阅了大量文献资料，特别是工程案例，并走访了全国范围内十多个工程项目。在此，一并向相关作者、建筑企业、媒体企业表示感谢。

由于编者水平有限，本书难免存在不足和疏漏之处，敬请各位读者批评指正。

编　者

2017年7月

目 录

模块 1　绪论 ··· 001
 1.1　建筑工业化特点 ·· 002
  1.1.1　标准化设计 ·· 002
  1.1.2　工厂化预制生产 ·· 002
  1.1.3　装配化施工 ·· 003
  1.1.4　一体化装修 ·· 004
  1.1.5　信息化管理 ·· 004
 1.2　装配式建筑评价指标 ·· 004
 1.3　装配式混凝土建筑连接技术 ·· 005
  1.3.1　后浇混凝土连接 ·· 006
  1.3.2　套筒灌浆连接和浆锚搭接 ·· 007
  1.3.3　叠合连接 ·· 008
 1.4　装配式混凝土建筑工程标准 ·· 008
 1.5　本课程主要内容与学习方法 ·· 009
 小结 ·· 011
 习题 ·· 012

模块 2　预制构件的加工与制作 ·· 013
 2.1　预制构件工厂生产流程 ·· 013
  2.1.1　预制构件生产方法 ·· 015
  2.1.2　预制构件制作生产模具的组装 ·· 018
  2.1.3　预制构件钢筋骨架、钢筋网片和预埋件 ·································· 019
  2.1.4　预制构件混凝土的浇筑 ·· 019
  2.1.5　预制构件混凝土的养护 ·· 019
  2.1.6　预制构件的脱模与表面修补 ·· 020
 2.2　梁、柱制作 ·· 020

            2.2.1 预制混凝土梁 ……………………………………………… 021
            2.2.2 预制混凝土柱 ……………………………………………… 022
      2.3 墙板制作 …………………………………………………………… 024
            2.3.1 台座法 ………………………………………………………… 024
            2.3.2 平模流水线法 ………………………………………………… 027
            2.3.3 成组立模法 …………………………………………………… 029
            2.3.4 外墙板饰面做法 ……………………………………………… 030
      2.4 楼梯制作 …………………………………………………………… 032
      2.5 质量检验 …………………………………………………………… 034
            2.5.1 原材料检验 …………………………………………………… 035
            2.5.2 隐蔽工程检验 ………………………………………………… 035
            2.5.3 成品检验 ……………………………………………………… 035
   小结 ………………………………………………………………………… 038
   实践　装配式预制构件厂视频观看 ……………………………………… 039
   习题 ………………………………………………………………………… 039

模块3　施工前准备工作 …………………………………………………… 041
   3.1 施工平面布置 ……………………………………………………… 042
            3.1.1 起重机械布置 ………………………………………………… 042
            3.1.2 运输道路布置 ………………………………………………… 047
            3.1.3 预制构件和材料堆放区布置 ………………………………… 048
   3.2 起重机械配置 ……………………………………………………… 051
            3.2.1 起重机械的类型 ……………………………………………… 051
            3.2.2 配置要求 ……………………………………………………… 053
   3.3 索具、吊具和机具的配置 ………………………………………… 055
            3.3.1 索具 …………………………………………………………… 055
            3.3.2 吊具 …………………………………………………………… 058
            3.3.3 机具 …………………………………………………………… 062
   3.4 施工工具的配置 …………………………………………………… 065
            3.4.1 灌浆工具 ……………………………………………………… 065
            3.4.2 模板和支撑 …………………………………………………… 066
   3.5 构件与材料的准备 ………………………………………………… 069
            3.5.1 构件的运输、进场检验和存放 ……………………………… 069
            3.5.2 材料的准备 …………………………………………………… 074
   3.6 其他准备工作 ……………………………………………………… 078

3.6.1	技术资料准备	079
3.6.2	人员准备	079
3.6.3	工艺准备	080
3.6.4	季节性施工和安全措施准备	080

小结 ⋯⋯ 081

实践 施工平面图设计绘制 ⋯⋯ 081

习题 ⋯⋯ 085

模块 4 装配整体式结构工程施工 ⋯⋯ 087

4.1 施工流程 ⋯⋯ 088
- 4.1.1 装配整体式框架结构的施工流程 ⋯⋯ 088
- 4.1.2 装配整体式剪力墙结构的施工流程 ⋯⋯ 089
- 4.1.3 装配整体式框架剪力墙结构的施工流程 ⋯⋯ 090

4.2 构件放样定位 ⋯⋯ 091

4.3 受力构件安装 ⋯⋯ 093
- 4.3.1 预制柱安装 ⋯⋯ 093
- 4.3.2 预制梁安装 ⋯⋯ 096
- 4.3.3 预制墙板安装 ⋯⋯ 098
- 4.3.4 叠合板安装 ⋯⋯ 102
- 4.3.5 阳台板与空调板安装 ⋯⋯ 105
- 4.3.6 预制楼梯板安装 ⋯⋯ 107

4.4 外挂墙板安装 ⋯⋯ 110
- 4.4.1 安装施工 ⋯⋯ 110
- 4.4.2 接缝与防水施工 ⋯⋯ 113

4.5 钢筋套筒灌浆连接 ⋯⋯ 117

4.6 钢筋绑扎和墙、柱模板安装 ⋯⋯ 119
- 4.6.1 钢筋绑扎 ⋯⋯ 119
- 4.6.2 墙、柱模板安装 ⋯⋯ 120

4.7 管线预留预埋 ⋯⋯ 122
- 4.7.1 水暖安装洞口预留 ⋯⋯ 123
- 4.7.2 电气安装预留预埋 ⋯⋯ 123
- 4.7.3 整体卫浴安装预留预埋 ⋯⋯ 124

4.8 混凝土浇筑施工 ⋯⋯ 125

小结 ⋯⋯ 130

实践 预制剪力墙安装 VR 模拟 ⋯⋯ 130

习题 ……………………………………………………………………………………… 131

模块 5　装配式建筑附件施工 ……………………………………………………… 133

5.1　门窗安装 ……………………………………………………………………… 133
　　5.1.1　条件要求 ………………………………………………………………… 134
　　5.1.2　安装流程 ………………………………………………………………… 134
　　5.1.3　质量检验 ………………………………………………………………… 137

5.2　管线安装 ……………………………………………………………………… 138
　　5.2.1　安装要求 ………………………………………………………………… 138
　　5.2.2　楼板预埋件和管线埋设 ………………………………………………… 139
　　5.2.3　墙体管线敷设 …………………………………………………………… 140
　　5.2.4　地面管线敷设 …………………………………………………………… 141
　　5.2.5　防雷线敷设 ……………………………………………………………… 141

5.3　室内装饰施工 ………………………………………………………………… 143
　　5.3.1　吊顶部品安装 …………………………………………………………… 143
　　5.3.2　轻质隔墙部品安装 ……………………………………………………… 148
　　5.3.3　整体卫浴安装 …………………………………………………………… 152
　　5.3.4　橱柜安装 ………………………………………………………………… 154

5.4　质量与安全要求 ……………………………………………………………… 156
　　5.4.1　总体要求 ………………………………………………………………… 156
　　5.4.2　检查内容和方法 ………………………………………………………… 156
　　5.4.3　工程质量评定规则与组织程序 ………………………………………… 157

小结 ……………………………………………………………………………………… 159

实践　整体卫浴安装 …………………………………………………………………… 159

习题 ……………………………………………………………………………………… 160

习题参考答案 …………………………………………………………………………… 161

参考文献 ………………………………………………………………………………… 162

模块 1 绪 论

课程介绍

教学PPT

知识目标

1. 熟悉建筑工业化特点。
2. 掌握装配式建筑评价指标。
3. 熟悉装配式混凝土建筑连接技术。
4. 掌握课程特点和学习方法。

能力目标

1. 能够计算装配式建筑预制率和装配率。
2. 能通过本书和课外资料进行自学。

知识导引

建筑业是我国国民经济的主要产业，在改革开放以来的发展历程中，建筑业对经济增长的贡献是巨大的。在学习"装配式混凝土建筑施工"这门课程之前，同学们已经学过"建筑施工技术"这门课程，也系统了解了建筑施工的各个环节和主要施工工艺，同时也接触到了单层厂房等装配式结构。

与其他工业相比，建筑工业一直处于技术的低洼地，半手工半机械作业仍旧是目前行业技术水准。这固然与建筑物体型庞大、造型多样化有关，但总体来说影响到了行业劳动生产率的提高，在一定程度上也影响了建筑物质量的控制。

自工业革命以来，人们一直希望可以依托机器生产，成批成套地建造房屋。装配式建筑的出现，为这种生产方式提供了可能，通过这种建筑方式，只要把预制好的房屋构件运到施工现场按标准要求装配即可。

装配式建筑种类很多，按材料来分，可以分为混凝土装配式建筑、金属结构装配式建筑和竹木结构装配式建筑。此外，还有混合材料结构，如钢木结构。本模块主要介绍装配式混凝土建筑的建筑结构和施工的历史、特点及分类，同时就如何学好本课程给出建议及要求。

1.1 建筑工业化特点

> **想一想**
> 自工业革命以来，大工业生产与手工作坊生产有何不同？

建筑工业化概述
（教学视频）

装配式建筑相较于传统现浇建筑的最大区别在于，大量的建筑部品在预制生产车间（图1.1.1）内生产加工完成，因此施工现场装配作业量大，现浇作业大大减少；并且由于建筑、装修一体化设计、施工，因此装修可随主体施工同步进行。一般来说，建筑工业化生产有以下5个特点。

图1.1.1 预制生产车间

1.1.1 标准化设计

建立标准化的单元是标准化设计的核心。其不同于早期标准化设计中仅是某一方面的标准图集或模数化设计。建筑信息化模型（building information modeling，BIM）技术的应用，即受益于信息化的运用，原有的局限性被其强大的信息共享、协同工作能力所突破，更利于建立标准化的单元，实现建造过程中的重复使用。

国际上许多工业化程度高的发达国家都曾开发出各种装配式建筑专用体系，如英国的L板体系、法国的预应力装配框架体系、德国的预制空心模板墙体系、美国的预制装配停车楼体系、日本的多层装配式集合住宅体系等。我国的装配式混凝土单层工业厂房及住宅用大板建筑等也都属于专用结构体系范畴。

1.1.2 工厂化预制生产

预制构件是建筑工业化的主要环节。目前，最为火热的"工厂化"解决的根本问题,其实是主体结构的工厂化生产。传统施工中,误差只能控制在厘米级,比如门窗,每层尺寸各不相同,这是导致主体结构精度难以保证的关键因素。另外,传统施工中主体结构施工还是过度依赖一线建筑工人;传统施工方式给施工现场造成的影响是产生大量建筑垃圾、造成材料浪费、破坏环境等;更为关键的是,不利于现场质量控制。而这些问题均可通过主体结构的工厂化生产得以解决,实现毫米级误差控制及装修部品的标准化。

1.1.3 装配化施工

装配化施工两个核心的层面,即施工技术和施工管理,均与传统现浇有所区别,特别是在管理层面。装配化施工强调建筑工业化,即工业化的运行模式,有别于传统形式。相比于传统的层层分包的模式来说,建筑工业化更提倡工程总承包(engineering procurement construction,EPC)模式,通过EPC模式,把技术固化下来,形成集成技术,实现全过程的资源优化。确切地说,EPC模式是建筑工业化初级阶段主要倡导的一种模式。作为一体化模式,EPC实现了设计、生产、施工的一体化,从而使项目设计更优化,利于实现建造过程的资源整合、技术集成及效益最大化,这样才能在建筑产业化过程中保证生产方式的转变。图1.1.2为装配式施工现场。

图1.1.2 装配式施工现场

图1.1.3 整体卫浴

1.1.4 一体化装修

从设计阶段开始,到构件的生产、制作与装配化施工,装配式建筑通过一体化的模式来实现。其实现了构件与主体结构的一体化,而不是在毛坯房交工后再进行装修。装配化施工中,建筑部品均已预留了各种管线和装饰材料安装设置的空间,为装修施工提供了方便。有些部品,在工厂预制阶段就已经直接安装好了相应设施,例如图1.1.3所示的卫浴间。

1.1.5 信息化管理

信息化管理,即建筑全过程的信息优化。在初始设计阶段便建立信息模型,之后各专业采用信息平台协同作业,图纸在进入工厂后再次进行优化处理,装配阶段也需要进行施工过程的模拟。可以说,信息技术的广泛应用会集成各种优势并使之形成互补,使建设逐步朝着标准化和集约化的方向发展,加上信息的开放性,可调动人们的积极性并促使工程建设各阶段、各专业主体之间共享信息资源,解决很多不必要的问题,有效避免各行业、各专业间不协调的问题,加速工期进程,从而有效解决设计与施工脱节、部品与建造技术脱节等中间环节问题,提高效率并充分发挥新型建筑工业化的特点及优势。

1.2 装配式建筑评价指标

任何建筑都有现浇部分和装配部分,如何判断一栋建筑物是否属于装配式建筑?

装配式建筑评价指标(教学视频)

装配式混凝土建筑相对于现浇建筑,其承重墙体、柱、梁、楼板等主体结构和围护结构以及内部装饰部品、设备管线等都是在工厂预制在施工现场装配的,总体实现了建造方式的转型,提高了工程质量和效率。

为了保障装配式建筑评价质量和效果,中华人民共和国住房和城乡建设部颁发了《工业化建筑评价标准》(GB/T 51129—2015)。根据该标准的规定,装配式建筑评价分为项目预评价和项目评价(指项目最终评价结果)。项目预评价一般在设计阶段完成后进行,主要目的是促进装配式建筑设计理念尽早融入项目实施中。如果项目预评价结果满足基础项评价要求,对于发现的不足之处,申请评价单位可以通过调整和优化方案进一步提高装配化水平；如果评价结果不满足基础项评价要求，申请评价单位可以通过调整和修改设计方案来满足要求。若申请评价项目在主体结构和装饰装修工程通过竣工验收后进行评价，则评价后得到项目最终评价结果。

预制率、装配率是评价装配式建筑的两项重要指标，也是政府制定装配式建筑扶持政策的主要依据指标。目前，国内对这些指标的评价还没有统一标准，这里从概念入手来进行解释。

任何移动装配式混凝土建筑都不可能做到100%预制，为了保证建筑整体性，主体结构施工必须采用部分现浇方式。《工业化建筑评价标准》（GB/T 51129—2015）给出定义，预制率为工业化建筑室外地坪以上主体结构和围护结构中预制部分的混凝土用量占对应构件混凝土总用量的体积比。其计算公式为

$$预制率 = \frac{预制构件部分的混凝土体积}{对应构件混凝土总体积}$$

《工业化建筑评价标准》（GB/T 51129—2015）规定，上述混凝土结构部分是指主体结构和维护结构部分，并要求预制率不低于20%。但上述计算方式也存在一定问题，主要是混凝土体积计算比较烦琐，对上部结构中是否考虑非承重隔墙、地下室等混凝土未予明确。

装配式建筑中还有一个指标称为装配率，其定义为工业化建筑中预制构件、建筑部品的数量（或面积）占同类构件或部品总数量（或面积）的比率（实际评价规则中，不含已经算预制率的构件）。该值要求不低于50%，用公式表示为

$$装配率 = \frac{预制构件、建筑部品的数量（或面积）}{同类构件或部品的总数量（或面积）}$$

值得注意的是，这里装配率计算只针对单独构件或建筑部品，未提出单栋建筑的装配率计算方法。

目前，许多地方都开始大力推行装配式建筑，并编制了相应的地方标准，各地标准有所不同，这里不再一一叙述。

1.3 装配式混凝土建筑连接技术

装配式建筑预制构件从工厂运送到工地的是"分离"的构件，如何把它们组装在一起才能保证建筑的完整性和抗震要求？

装配式混凝土建筑根据其连接方式不同，可以分为装配整体式混凝土结构和全装配式混凝土结构。前者是指混凝土构件通过可靠方式进行连接并于现场后浇混凝土、水泥基灌浆料形成整体结构；后者是指预制构件靠干法连接（如螺栓连接、焊接等）形成整体。

装配式建筑结构连接设计中一条重要的等同原理，即装配整体式混凝土结构应基本达到或接近与现浇混凝土结构等同效果，尤其是连接方式的等同效果。

装配式混凝土结构主要有3种连接方式。

1.3.1　后浇混凝土连接

在预制构件结合处留出后浇区，构件吊装安放完毕后，现场浇筑混凝土进行连接，如图1.3.1所示。

图1.3.1　墙板后浇混凝土连接

1.3.2 套筒灌浆连接和浆锚搭接

套筒灌浆连接和浆锚搭接，这两种方法主要用于受力钢筋连接。

1. 套筒灌浆连接

首先将需要连接的带肋钢筋插入金属套管内"对接"（图1.3.2）；然后在套筒内注入高强早强且有微膨胀特性的灌浆料。灌浆料凝固后在套筒筒壁与钢筋之间形成较大压力，在带肋钢筋的粗糙表面产生较大的摩擦力，由此得以传递钢筋的轴向力。墙柱套筒（金属套筒）实物图如图1.3.3所示。

图1.3.2 墙柱套筒灌浆节点图

图1.3.3 墙柱套筒（金属套筒）实物图

2. 浆锚连接

将需要连接的钢筋插入预制构件预留孔洞内,在孔洞内灌浆锚固钢筋,使之与孔洞旁的预制构件钢筋形成"搭接"。两根搭接的钢筋被预埋在预制构件中的螺旋钢筋或波纹管约束,如图1.3.4所示。

图1.3.4　浆锚连接节点图

1.3.3　叠合连接

叠合连接是预制板(梁)与现浇混凝土叠合的连接方式。叠合构件包括楼板、梁和悬挑板等。叠合构件下层为预制构件,上层为现浇层,如图1.3.5所示。

图1.3.5　叠合板示意图

1.4　装配式混凝土建筑工程标准

目前,我国在装配式建筑方面的工程建设标准在陆续发布。一些标准是专门针对装配式建筑设计的,如《装配式混凝土结构技术规程》(JGJ 1—2014);有些标准则是部分内容涉及装配式混凝土建筑,如

《混凝土结构设计规范（2015年版）》（GB 50010—2010）。改革开放初期是装配式结构的应用高潮时期，国家标准《预制混凝土构件质量检验评定标准》（GBJ 321—1990）[①]、行业标准《装配式大板居住建筑设计和施工规程》（JGJ 1—1991）[②]以及协会标准《钢筋混凝土装配整体式框架节点与连接设计规程》（CECS 43—1992）等相继出台。

装配式建筑施工技术标准（教学视频）

近几年来，随着国民经济的快速发展、工业化与城市化进程的加快、劳动力成本的不断增长，我国在装配式结构方面的研究与应用逐渐升温，一些地方政府积极推进，一些企业积极响应，开展相关技术的研究与应用，并形成了良好的发展态势。特别是，为了满足我国装配式结构工程应用的需求，相关单位组织编制和修订了国家标准《工业化建筑评价标准》（GB/T 51129—2015）、行业标准《装配式混凝土结构技术规程》（JGJ 1—2014）、产品标准《钢筋连接用套筒灌浆料》（JG/T 408—2013）等，北京、上海、深圳、辽宁、黑龙江、安徽、江苏、福建等省市也陆续编制了相关的地方标准。

目前，装配式混凝土结构参考使用的标准主要有《装配式混凝土结构技术规程》（JGJ 1—2014）、《装配式混凝土建筑技术标准》（GB/T 51231—2016）等。

1.5 本课程主要内容与学习方法

在学习本课程前，应先学习"装配式混凝土建筑构造"课程，构造内容是学习本课程的基础。本课程内容包括5个模块，按装配式混凝土建筑制作安装顺序进行编排。

本书的模块1介绍了建筑工业化概况和装配式混凝土建筑的评价指标、连接技术、工程标准；模块2介绍预制构件的车间和各个构件的加工；模块3介绍施工前的准备工作，包括机具和材料的选择和使用等；模块4介绍主体结构的施工工艺和质量控制，这是本书的重点内容；模块5介绍装配式混凝土建筑附属配件的安装。

由于装配式建筑种类众多，并且在我国还处于发展时期，会随着建筑数字化建造技术等技术的发展而发展，因此本课程的学习有别于其他课程，学习中主要注意以下3点：

（1）多动脑是关键。装配式建筑是建筑工业化的需求，是行业发展的趋势，装配式建筑从产生到发展，各阶段存在着很多问题。应带着问题来学习，思考并尝试提出解决问题的方法。本课程中提出的施

---

① 现已废止，被《混凝土结构工程施工质量验收规范》（GB 50204—2015）替代。
② 现已废止，被《装配式混凝土结构技术规程》（JGJ 1—2014）替代。

工工艺和质量控制点就是在总结问题基础上产生的,因此勤于思考是学好本课程的关键所在。

(2)实践是基础。本课程实践性较强,许多内容来自于实际工程项目。在土建施工类课程中,文字教材和课堂讲授并不会给学生留下很深的印象,因此除了课堂教学外,让学生实际观察并领会学习内容就显得十分重要。学校可以组织学生到施工一线参观,有条件的学校还可以建立VR虚拟仿真实训室让学生感受实际施工场景,除此之外,还可以通过本书视频和同系列教材《装配式混凝土建筑构造》中的AR资源使学生深入了解其中的内容。

(3)提高自学能力。如前所述,装配式建筑是在不断发展的,教材的知识只起到抛砖引玉的作用,要真正学习透彻,还需要从互联网、工程项目或学术文献中学习新的知识。获取知识、学习知识、整理和归纳知识的能力也是面对科技发展所应具备的。

学习参考

预制率达到48%的装配式项目学习(来源:土木在线论坛)

装配式内装技术提升与市场实践经验解析(来源:中国建筑标准设计研究院)

装配式建筑认识的一些误区(来源:中国节能网)

国家装配式战略下的人才需求(来源:装配式建筑产业研究院)

新时期产业工人队伍建设改革(来源:中国政府网)

国家及各地预制率、装配率计算标准汇总(来源:中天施工技术)

高端商品房项目采用装配式技术借鉴(来源:土木在线论坛)

国家层面对装配式建筑的推动政策(来源:房地产经理人联盟)

建筑产业现代化及工业化发展(来源:Albert建筑小屋)

从大阪钢巴足球场建造施工,看装配式建筑的巨大优势(来源:建筑结构)

装配式建筑的发展思考(来源:建筑结构)

建筑业需要更多高薪产业工人的需求(来源:中国建设报)

通过高层装配式住宅工地，了解推广装配式的意义（来源：润置地建设事业部）

深圳装配式建筑总规模发展（来源：深圳特区报）

对建筑工业化、预制混凝土和现浇混凝土的思考（来源：钢构中国）

预制率92%的房子建构过程（来源：中国海峡总承包工司）

中国未来的城市的建造（来源：预制建筑网）

住房和城乡建设部推出的建筑产业现代化8项新标准（来源：中国建设报）

装配率超56%，这个全国在建最高装配式住宅项目，引进日本管理模式（来源：深圳建筑产业化协会）

装配式建筑对工程造价的影响（来源：筑龙施工）

装配式建筑对计价依据、造价管理的影响（来源：装配式建筑网）

装配式建筑将引发行业洗牌（来源：领航人建筑平台）

装配式结构表面与本质上的改变（来源：CCMC建筑产业现代化）

 ## 小 结

推行建筑工业化是建筑业转型升级的要求，建筑工业化有标准化设计、工厂化预制生产、装配化施工、一体化装修、信息化管理五大特点。装配式建筑评价的两项重要指标是预制率和装配率。装配式混凝土建筑施工中的连接技术，主要有后浇混凝土连接、套筒灌浆连接和浆锚搭接、叠合连接。本书内容广泛，学习中要注重课内外有机结合。

习　题

1. 建筑工业化的核心问题是（　　）。
   A. 提高生产效率　　B. 工厂预制生产　　C. 装配化施工　　D. 信息化管理
2. 下面项目实施符合建筑工业化发展要求的是（　　）。
   A. 单体项目进行专门结构装配式分拆设计
   B. 大型体育馆项目混凝土结构构件定型化车间生产
   C. 某地区建设主管部门对区域所有安置房构件进行标准化设计，成批量生产
   D. 某装配式住宅项目设计、施工、装修采用不同单位承包模式
3. 下面不属于建筑部品的是（　　）。
   A. 门窗　　　　　　B. 内隔墙　　　　　C. 厨房　　　　　　D. 家具
4. 下面预制构部件不属于预制率计算范围的是（　　）。
   A. 预制承重墙　　　B. 钢梁　　　　　　C. 预制护栏　　　　D. 集成式厨房
5. 一栋混凝土结构建筑预制率低于（　　）时不属于装配式建筑。
   A. 15%　　　　　　B. 20%　　　　　　C. 25%　　　　　　D. 30%
6. 装配式混凝土建筑设计的重点和难点在于（　　）。
   A. 混凝土结构构件　　　　　　　　　　B. 连接技术
   C. 外墙防水　　　　　　　　　　　　　D. 装修一体化设计
7. 装配式混凝土建筑结构连接设计遵循的原理为（　　）。
   A. 连接材料强度要高于构件材料强度
   B. 连接材料强度要等于构件材料强度
   C. 在结构破坏情况下连接处要后于预制构件破坏
   D. 装配式混凝土结构强度刚度应达到与现浇混凝土等同效果
8. 下面哪些不是装配式混凝土建筑结构施工中必须遵循的技术标准（　　）。
   A.《混凝土结构设计规范（2015年版）》（GB 50010—2010）
   B.《工业化建筑评价标准》（GB/T 51129—2015）
   C.《混凝土结构工程施工规范》（GB 50666—2011）
   D.《装配式混凝土结构技术规程》（JGJ 1—2014）

模块 2 预制构件的加工与制作

教学PPT

知识目标

1. 熟悉预制构件的加工与制作方法。
2. 掌握预制构件的加工与制作流程。
3. 了解预制构件质量检验的主要内容。

能力目标

1. 能够监督预制构件的加工与制作过程。
2. 能够进行预制构件的质量验收和记录。

知识导引

装配式混凝土建筑的基本构件主要包括预制梁、柱、墙板和楼梯等。我们可以把梁、柱、墙板和楼梯等事先做好的构件想象成一块块积木，在施工现场按设计要求及标准规范把它们拼合在一起即可。和搭积木一样，先将部分或所有构件在工厂预制完成，然后运到施工现场进行组装。

本模块主要阐述预制梁、柱、墙板和楼梯的制作工艺，并对其质量检验的具体要求进行说明。

2.1 预制构件工厂生产流程

在装配施工中，采用预制构件有什么优势？对项目的造价具体有哪些影响？

预制工厂生产流程
（教学视频）

预制构件生产应在工厂或符合条件的现场进行。目前，工厂预制应用的更为广泛，原因是：相对于现场施工作业，工厂生产可改善作业条件，提高生产效率、产品质量；在工厂生产环境下，通过对相关人员进行培训能够解决在施工行业中日益严重的熟练工人短缺的问题；在标准或大批次预制构件生产中可使用钢模具，以确保预制构件的尺寸精度；工厂预制可以满足特殊混凝土构件的生产质量需求；只有在工厂生产制作才可能生产出具有建筑纹理和色彩的混凝土构件，特别是对于建筑外墙板设计；工厂生产使机械化和自动化的应用成为可能，从而在很大程度上降低必要工作时间。

然而，运输费用是预制构件工厂需要考虑的成本之一，其可限制预制构件的使用区域半径，进而限制预制构件厂的潜在市场范围及其规模。但是，这并不是发展障碍，因为现如今在经济发达地区周边，都有预制混凝土行业。

预制构件的尺寸主要受运输条件的限制，也受单个构件的吊装重量的影响。预制生产时的目标是制作尽可能大的预制构件，因为对每个预制单元进行分部制作将会使工厂和施工现场的组装工作加倍。预制构件的品质性能要求越高，如其本身包括的装饰部品（如窗、门或在墙板中已安装的建筑部品）越多，或其本身需要实现的功能要求（如预制外墙板构件集承载、保温隔热和建筑装饰功能于一体）越多，则运输费用所占的成本比率就越低。预制构件的尺寸宜按下述规定采用：

（1）预制框架柱的高度尺寸宜按建筑层高确定。

（2）预制梁的长度尺寸宜按轴网尺寸确定。

（3）预制剪力墙板的高度尺寸宜按建筑层高确定，宽度尺寸宜按建筑开间和进深尺寸确定。

（4）预制楼板的长度尺寸宜按轴网或建筑开间、进深尺寸确定，宽度尺寸不宜大于2.7m。

知识拓展

受《德国道路交通法》（StVZO）关于道路允许运输尺寸的影响，目前楼板单元的预制宽度一般为2.40m或2.50m，墙板的预制高度一般小于3.60m。当运输尺寸或总重量超过表2.1.1中限值时，必须依据StVZO第29款申请特殊许可证，甚至需要交通警察开道。此类情况下，有必要提前规划运输路线和运输的持续时间及运输时间。

表2.1.1 道路运输的最大允许尺寸和最大允许总重量（取决于特殊授权许可证）

类别	无特殊许可证（依据StVZO第32款）	持有年度特别许可证（依据StVZO第29款）
宽度	2.55m	3.00m
高度	4.00m	4.00m
长度	15.50m	24.00m
总重量	40t	48t（牵引装置可自动转向）

2.1.1 预制构件生产方法

根据场地的不同、构件的尺寸不同以及实际需要等情况，分别采取流水生产线法和台座法预制生产。构件生产企业应依据构件制作图进行预制构件的制作，生产设备应符合相关行业技术标准要求并应根据预制混凝土构件型号、形状、质量等特点制定相应的工艺流程，明确质量要求和生产各阶段质量控制要点，编制完整的构件制作计划书，对预制构件生产全过程进行质量管理和计划管理。

1. 流水生产线法

流水生产线法是指在工厂内通过滚轴传送机或者传送装置将托盘模具内的构件从一个操作台转移到另一个操作台上，这是典型的适用于平面构件的生产制作工艺，如墙板和楼板构件的生产制作。流水生产线法具有高度的灵活性，不仅适用于平面构件生产，还适用于在楼梯及线性构件的生产。

流水生产线法主要有以下两方面的优势：一方面，它可以更好地组织整个产品生产制作过程，材料供应不需要内部搬运即可到位，而且每个工人每次都可以在同一个位置完成同样的工作；另一方面，它可以降低工厂生产成本，因为每个独立的生产制作工序均在专门设计的工作台上完成，如混凝土振捣器和模具液压系统在生产工序中仅需使用一次，所以可以实现更多的作业功能。预制构件生产线效果图如图2.1.1所示，预制构件生产线车间实景如图2.1.2所示。

2. 台座法

台座法是指构件的成型、养护、脱模等生产过程都在表面光滑平整的混凝土地坪、胎模、混凝土槽或钢模的台座上进行，构件在整个生产过程中固定在一个地方，而操作工人和生产机具则顺序地从一个构件移至另一个构件，来完成各项生产过程的方法。台座法可分为短线台座法和长线台座法。一般变化较多的构件，如带门窗的墙板适合用短线台座法；而楼板制作特别适合采用长线台座法生产。

（1）短线台座法。短线台座法是指每个阶段构件的灌筑均在同一特殊的模板内进行，其一端为一个固定的端模，另一端为已灌筑的构件，待灌筑构件的位置不变，通过调整已灌筑匹配构件的几何位置获得任意规定的平曲线、纵曲线的一种施工方法。该方法的优点有：占地面积较小；形成流水线作业，提高施工速度；适用于节段类型变化较多、模板倒用较频繁的工程需求；模板和浇筑设备都是固定的，能获得平曲线、纵曲线和不同的标高。其缺点是：对仪器要求严格（要求匹配段必须非常精确地放置，因而需要精密的测量仪器设备）；需要精确的测量和控制方法；对人员的素质和技术要求较高。图2.1.3为采用短线台座法施工的预制外墙。

图2.1.1　预制构件生产线效果图

图2.1.2　预制构件生产线车间实景

图2.1.3 采用短线台座法施工的预制外墙

（2）长线台座法。长线台座法是按照设计的制作构件线型，将所有的块件在一个长台座上一块接一块的匹配预制，使两块间形成自然匹配面的方法。该方法的优点有：几何形状容易布置和控制，构造简单，施工生产过程比较容易控制；脱模后，不必立即把梁段转运到储放地；偏差不会累积，对于已制块件形成的偏差可以通过下一个块件及时调整，而且还可以多点同时匹配预制，加快施工进度。其缺点是占地面积大，台座必须建在坚固的基础上面，弯桥还需形成所需曲度，浇筑、养护等设备都是移动式的。图2.1.4为采用长线台座法施工的叠合板。

图2.1.4 采用长线台座法施工的叠合板

> **知识拓展**
>
> 常规的钢筋混凝土空心楼板制作采用流水生产线法，整个生产过程是在托盘模具内完成的。但是预应力混凝土空心楼板几乎只能使用长线生产制作方法，在台座中设置直线预应力筋，台座自身必须能承受先张预应力的作用。采用长线台座法可生产制作最长为150m的预应力混凝土空心板。用于多层停车场和单层厂房屋面梁的大跨度双T梁构件，可以在长度达80m的预应力台座上多榀同时生产制作。预应力台座的理想长度取决于由相对劳动力供应决定的可能达到的日产量，而预应力混凝土空心楼板的产量则由挤出机决定。

预制构件生产的通用工艺流程，如图2.1.5所示。

图2.1.5 预制构件生产的通用工艺流程

2.1.2 预制构件制作生产模具的组装

预制构件制作生产模具的组装应符合以下要求：

（1）模具组装应按照组装顺序进行，对于特殊构件，要求钢筋先入模后再组装。

（2）模具拼装时，模板接触面平整度、板面弯曲、拼装缝隙、几何尺寸等应满足相关设计要求。

（3）模具拼装应连接牢固、缝隙严密，拼装时应进行表面清洗或涂刷水性（蜡质）脱模剂，接触面不应有划痕、锈渍和氧化层脱落等现象。

(4)模具组装完成后尺寸允许偏差应符合要求,净尺寸宜比构件尺寸缩小1~2mm。

2.1.3　预制构件钢筋骨架、钢筋网片和预埋件

钢筋骨架、钢筋网片和预埋件必须严格按照构件加工图及下料单要求制作。首件钢筋制作,必须通知技术、质检及相关部门检查验收,制作过程中应当定期、定量检查,对于不符合设计要求及超过允许偏差的一律不得使用,按废料处理。纵向钢筋(带灌浆套筒)及需要套丝的钢筋,不得使用切断机下料,必须保证钢筋两端平整,套丝长度、丝距及角度必须严格按照设计图纸要求。纵向钢筋(采用半灌浆套筒)按产品要求套丝,梁底部纵筋(直螺纹套筒连接)按照国标要求套丝,套丝机应当指定专人且有经验的工人操作,质检人员须按相关规定进行抽检。

2.1.4　预制构件混凝土的浇筑

按照生产计划混凝土用量搅拌混凝土,混凝土浇筑过程中应注意对钢筋网片及预埋件的保护,浇筑厚度使用专门的工具测量,严格控制,振捣后应当至少进行一次抹压。构件浇筑完成后进行一次收光,收光过程中应当检查外露的钢筋及预埋件,并按照要求调整。浇筑时,洒落的混凝土应当及时清理。浇筑过程中,应充分有效振捣,避免出现漏振造成的蜂窝麻面现象,浇筑时按照实验室要求预留试块。混凝土浇筑时应符合下列要求:

(1)混凝土应均匀连续浇筑,投料高度不宜大于500mm。

(2)混凝土浇筑时应保证模具、门窗框、预埋件、连接件不发生变形或者移位,如有偏差应采取措施及时纠正。

(3)混凝土宜采用振动平台,边浇筑、边振捣,同时可采用振捣棒、平板振动器作为辅助。

(4)混凝土从出机到浇筑的时间即间歇时间不宜超过40min。

2.1.5　预制构件混凝土的养护

混凝土养护可采用覆盖浇水和塑料薄膜覆盖的自然养护、化学保护膜养护和蒸汽养护方法。梁、柱等体积较大的预制混凝土构件宜采用自然养护方式;楼板、墙板等较薄的预制混凝土构件或冬期生产的预制混凝土构件,宜采用蒸汽养护方式。预制构件采用加热养护时,应制定相应的养护制度,预养时间宜为1~3h,升温速率应为10~20℃/h,降温速率不应大于10℃/h,梁、柱等较厚的预制构件养

护温度为40℃，楼板、墙板等较薄的构件养护最高温度为60℃，持续养护时间应不小于4h。

2.1.6 预制构件的脱模与表面修补

预制构件的脱模与表面修补应符合以下要求：

（1）构件脱模应严格按照顺序拆模，严禁使用振动、敲打方式拆模；构件脱模时应仔细检查确认构件与模具之间的连接部分完全拆除后方可起吊；起吊时，预制构件的混凝土立方体抗压强度应满足设计要求，且不应小于$15N/mm^2$。

（2）构件起吊应平稳，楼板宜采用专用多点吊架进行起吊，墙板宜先采用模台翻转方式起吊，模台翻转角度不应小于75°，然后采用多点起吊方式脱模。复杂构件应采用专门的吊架进行起吊。

（3）构件脱模后，不存在影响结构性能、钢筋、预埋件或者连接件锚固的局部破损和构件表面的非受力裂缝时，可用修补浆料进行表面修补后使用，详见表2.1.2。

表2.1.2 构件表面破损和裂缝处理方法

项目	现象	处理方案	检查依据与方法
破损	1. 影响结构性能且不能恢复的破损	废弃	目测
	2. 影响钢筋、连接件、预埋件锚固的破损	废弃	目测
	3. 上述1和2以外的，破损长度超过20mm	修补1	目测、卡尺测量
	4. 上述1和2以外的，破损长度在20mm以下	现场修补	
裂缝	1. 影响结构性能且不可恢复的裂缝	废弃	目测
	2. 影响钢筋、连接件、预埋件锚固的裂缝	废弃	目测
	3. 裂缝宽度大于0.3mm且裂缝长度超过300mm	废弃	目测、卡尺测量
	4. 上述1、2、3以外的，裂缝宽度超过0.2mm	修补2	目测、卡尺测量
	5. 上述1、2、3以外的，宽度不足0.2mm且在外表面时	修补3	目测、卡尺测量

注：修补1，指用不低于混凝土设计强度的专用修补浆料修补；修补2，指用环氧树脂浆料修补；修补3，指用专用防水浆料修补。

2.2 梁、柱制作

为了加强装配式建筑的整体性，预制梁、柱可以采用什么形式？

梁、柱构件是装配式建筑中的主要预制构件。可采用台座法进行梁、柱的预制，对于简单的梁、柱构件，也可采用流水生产线法进行预制，其工艺流程如图2.1.5所示。

2.2.1 预制混凝土梁

预制混凝土梁根据制作工艺不同可分为预制实心梁、预制叠合梁和预制梁壳3类，如图2.2.1所示。预制实心梁制作简单，构件自重较大，多用于厂房和多层建筑中。预制叠合梁便于预制柱和叠合楼板连接，整体性较强，运用十分广泛。预制梁壳通常用于梁截面较大或起吊重量受到限制的情况，优点是便于现场钢筋的绑扎，缺点是预制工艺较复杂。

梁柱制作
（教学视频）

(a) 预制实心梁

(b) 预制叠合梁

(c) 预制梁壳

图2.2.1 预制梁的类型

预制叠合梁若在两端制成U形键槽，可实现主梁与次梁的整体性连接，结构更为安全牢固。另外，预制梁的两端无钢筋外露，减少了梁的钢筋用量，降低了运输和安装的难度，较大幅度地提高了施工效率。带U形键槽的预制梁构造如图2.2.2所示。

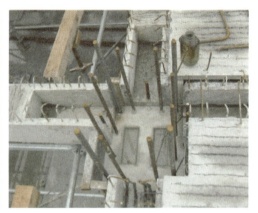

(a) 带U形键槽预制梁　　　　　　　(b) 预制梁、柱节点

图2.2.2　带U形键槽的预制梁构造

在预制梁的过程中，也可施加预应力，使梁成为预制预应力混凝土梁，该梁集合了预应力技术节省钢筋、易于安装的特点，生产效率高、施工速度快，在大跨度全预制多层框架结构厂房中具有良好的经济性。

2.2.2　预制混凝土柱

从制造工艺上看，预制混凝土柱包括全预制柱和叠合柱两种形式，如图2.2.3所示。预制混凝土柱的外观多种多样，包括矩形、圆形和工字形等。在满足运输和安装要求的前提下，预制柱可采用单节柱或多节柱，柱的长度可达到12m或更长。每节柱长度为一个层高，有利于柱垂直度的控制调节，实现了制作、运输、吊装环节的标准化操作，简单、易行，易于质量控制。一般高程建筑柱采用单节柱，不宜采用多节柱，其原因是：

（1）多节柱的脱模、运输吊装、支撑都比较困难。

（2）多节柱的吊装过程中钢筋连接部位易变形，从而导致构件的垂直度难以控制。

（3）多节柱的梁柱节点区钢筋绑扎困难，以及混凝土浇筑密实性难以控制。

可采用平模或立模制作预制柱，若采用平模浇筑柱子，会导致柱子的一个表面暴露在外（无模具表面）。如果柱子的各个表面都要求清水混凝土效果，那么无模具表面还须附加表面抹光工作。其中，对于圆形截面柱如果采用立模浇筑制作，只能生产制作单节柱；圆形截面柱也能用平模水平浇筑，如同混凝土空心柱，采用离心成型混凝土方法生产制作，只是这种生产制作方式需要特种设备。

(a) 预制混凝土实心柱　　　　　　　(b) 预制混凝土矩形柱壳

图2.2.3　预制混凝土柱的类型

在预制外立面柱的柱顶及预制外框架梁外侧设计与构件一体的预制混凝土（precast concrete，PC）模板，则现场无须再支外模板，施工速度可大大提高，如图2.2.4（a）所示。

预制柱的柱内钢筋采用螺纹钢筋，柱顶钢筋外露，柱底设置套筒，通过套筒连接实现柱的对接。由于预制装配框架柱钢筋的连接采用套筒连接，钢筋被浇筑在柱子内，配筋情况不易观察，拼装时，可能会发生框架柱钢筋在X向或Y向对接定位错误的情况，影响施工机械的使用效率。框架柱的钢筋接头处设置了定位钢筋和定位套筒，可以使现场施工人员迅速准确地确定预制柱的接头方位，如图2.2.4（b）所示。

(a) 外立面预制柱　　　　　　　　(b) 预制柱底套筒设置

图2.2.4　外立面预制柱与预制柱底套筒

上面讲述的预制梁、柱是"一"字形的一维构件，当有可靠的设计和预制生产、施工经验时，也可采用梁、柱与节点一体的T形、"十"字形等多维构件。

2.3 墙板制作

> **想一想**
> 有哪些措施可以提高预制楼板的刚度，防止预制楼板吊装时开裂？

在装配式建筑中，墙板是其主要的构件之一。采用预制混凝土墙板可以提高工厂化、机械化施工程度，减少现场湿作业，节约现场用工，克服季节影响，缩短建筑施工周期。

墙板制作方法中有关原材料的堆放、混凝土搅拌、钢筋制作等，与一般预制构件制作相同，但墙板的成型、养护和脱模起吊工艺，则与一般预制构件有较大的区别，尤其是成型工艺。

目前，墙板制作的方法主要有平模生产和立模生产两种。我国南方地区，由于年平均气温较高，多采用露天平模台座法，自然养护，这种方法投资少、设备简单、投产快、制作成本较低。而我国北方地区，多采用工厂预制蒸汽养护，以实现常年生产。墙板制作按生产工艺分为台座法、平模流水线法和成组立模法3种。

2.3.1 台座法

台座法是指墙板在一个固定的地点成型和养护，布筋、成型、养护和拆模等工序所需的一切材料和设备都供应到墙板成型处的方法。

台座法是生产墙板及其他构件采用较多的一种方法，常用于生产振动砖墙板和单一材料或复合材料混凝土墙板以及整间大楼板。台座法生产可用木模、钢模，但都需要保证足够的刚度，对于构造简单的内墙板可重叠生产，墙板重叠层数以10层为宜。层数太多，上料不便，工期延长；反之，台座面积增大，费用也增加。由于外墙板的生产工艺比较复杂，不宜采用重叠生产，图2.1.3所示为采用钢模台座法预制外墙板。

台座法制作普通混凝土空心墙板、振动砖墙板和加气混凝土夹芯复合材料保温外墙板的工艺流程分别如图2.3.1～图2.3.3所示。

图2.3.1 台座法制作普通混凝土空心墙板工艺流程

图2.3.2　台座法制作振动砖墙板工艺流程

图2.3.3　台座法制作加气混凝土夹芯复合材料保温外墙板工艺流程

 知识拓展

台座分为冷台座和热台座两种。冷台座为自然养护，我国南方多采用这种台座，并有临时性和半永久性、永久性之分；热台座是在台座下部和两侧设置蒸汽通道的形式，墙板在台座上成型后覆盖保温罩，通蒸汽养护，这种台座多在我国北方采用和冬期生产使用。

1. 普通混凝土空心墙板的制作要点

（1）采用干硬性混凝土，粗骨料粒径宜为0.5～2cm，最大粒径不超过最小肋边尺寸的1/2。底层混凝土的浇捣厚度比设计要求小2～3mm。

（2）穿芯管时要防止猛撞板模和钢筋。

（3）灌筑混凝土时宜先将混凝土倒在模板旁边，手工拌和一次再入模。平板振动器的频率不应小于2800r/min。第一遍振动，其路线要和芯模方向垂直，以防止芯模滑动；第二遍可沿芯模平行方向振捣。墙板构件边角部位可用人工助捣。振捣必须充分，以板面均匀出浆为宜，振捣时应随时注意各种预留孔洞的预埋件，防止产生位移的模板变形。振捣后的混凝土应比模板面低2～3mm，以便加浆抹面。

（4）墙板成型后应转动芯管。抽芯管的时间应根据气温和混凝土的干硬程度而定，要保证孔道混凝土不塌陷、不开裂。抽芯管应采取隔一根抽一根的分批抽芯方法，抽芯的速度要均匀，要和孔道保持在一条直线上，防止芯管向板面凸起。

（5）墙板成型后，先用木尺杆刮平，然后根据面层混凝土的泌水出浆情况铺以1:2.5水泥砂浆（或水泥砂干粉），待收水后用木抹抹平压实抹光，也可用1:1的水泥浆抹平压光，抹平压实工具可用小木抹或带长把的大木抹。抹面压光时，严禁站在板面上操作，要采用架空脚手板。

（6）抹面压光后，用草帘或湿麻袋覆盖，浇水养护；也可用塑料布覆盖，防止混凝土内的水分蒸发过快。浇水次数可根据气温情况确定，在一般气候条件（15℃）下，最初3d每隔2h浇水一次，以后每昼夜4次，气候干燥时浇水次数可适当增加，养护时间一般不少于7d。

2. 振动砖墙板的制作要点

（1）铺底层砂浆。底层砂浆应满铺刮平，当用普通黏土砖时，铺设厚度为10～12mm；用多孔黏土砖时，铺设厚度为15～20mm。墙板内预留孔洞的预埋件应事先用砂浆稳好。

（2）铺砖。砖在用前应冲水湿润，不可随浇随用，不可使用干砖和表面有浮水的饱和湿砖。对各种型号的墙板，应事先按设计要求摆出排砖大样，使操作人员做到心中有数。砖与边框和中肋混凝土要咬槎连接。砖块不允许直接倒在台座上，应码放在事先放在台座上的木托板上，避免破坏隔离层。铺砖时，先将混凝土肋的位置留好，然后按横向错缝进行排砖，灰缝宽度控制在8～12mm。遇到预留孔洞的埋件或排不开整砖时，可用半砖或七分头，不得用碎砖填充。多孔黏土砖墙板，采用预应力钢筋吊具时，芯管要从多孔黏土砖中心孔穿过。

（3）灌筑混凝土和铺面层砂浆。每块墙板在铺砖后，应尽快灌筑混凝土肋和铺面层砂浆，要争取在0.5 h内完成，以便与底层灰浆很好结合。混凝土的粗骨料粒径以0.5～2cm为宜，振捣后的混凝土表面应低于模板面10～20mm，以便铺设面层砂浆。为防止把砖弄乱，砂浆不能从砂浆车直接倾倒，宜用铁锹将砂浆均匀铺布，用平锹和灰耙子顺砖摊平，灌入砖缝内。

（4）振捣。板肋混凝土宜用焊有鸭嘴的插入式振捣器振捣，棒头与台座面应保持适当距离，防止破坏隔离层。采用平板振动器振捣时，要顺砖的长缝方向缓慢移动，往返振捣两遍，两遍振捣时间合计以每平方米40~50s为宜（指140mm厚墙板），振捣时间过长，砂浆将钻入砖的孔洞内。振捣时不得用脚踏振动器，变换方向时应将振动器抬起，不得硬拉。不要碰撞模板和各种预埋件，不得任意拆除门窗洞口的支撑拉杆，遇有变形、移动要及时修整。

（5）板面抹平压光。振捣后立即用木尺杆拍实刮平。待表面收水后，用木抹填平补齐，普遍抹平压实一遍，再撒水泥或浇1∶1水泥浆（低温时可加少量石膏粉）抹平压光。也可撒1∶3水泥砂干灰，用铁抹压光，再薄薄抹一层石灰膏，用铁抹压光。

（6）养护方式采用浇水自然养护的方法。

3．加气混凝土夹芯复合材料保温外墙板的制作要点

（1）灌筑时先将混凝土倒入料斗，再用吊装机械将料斗提升入模进行灌筑。结构层混凝土要振捣拍实抹平，以保证加气混凝土保温块铺放后表面平整。

（2）各种型号的外墙板，应根据设计要求，事先排出加气混凝土保温块的摆放大样。铺放加气混凝土保温块时，表面要平整，缝隙要均匀，严禁用碎块填塞。在常温下铺放时，铺前要浇水润湿；在低温铺放时，铺后要喷水，冬季可干铺。泡沫聚苯乙烯保温条，事先按设计尺寸裁剪。排放板缝部位的泡沫聚苯乙烯保温条时，入模固定位置要准确，拼缝要严密，要有专人负责操作。

（3）加气混凝土保温块铺设后，随即灌筑板肋混凝土和面层细石混凝土，底层和面层混凝土流捣相隔时间不得超过1h。振捣板肋混凝土时要防止碰坏泡沫聚苯乙烯保温条，发现有位移和模板变形时要随时修整。面层混凝土采用平板振动器振捣，振捣后，随即用1∶3水泥砂浆找平，并用木尺杆刮平，待表面收水后再用木抹抹平压实。

（4）养护方式可采用自然养护或蒸汽养护。

（5）采取构造防水的外墙板的两侧边槽，在墙板成型脱模后，要涂刷防水胶油。外墙板的门窗安装和玻璃油漆工程，可在墙板脱模起吊后在装修生产线进行，质量要求应符合国家有关规定。

2.3.2 平模流水线法

平模流水线法是把生产过程分成若干工序，每个工序顺次地在生产线上的一个固定工位上进行的方法。

平模流水线法一般采用钢平模，钢平模由沿轨道行走的模车、钢

平模流水线法板件制作（教学视频）

底模、侧模、上下端模和支撑连接系统组成。有门窗洞口的墙板构件，还配有门窗洞口钢模。平模流水线法是将钢平模沿清理模板、安放钢筋、浇筑混凝土、振捣压实等工位循序进行流水生产成型，然后将成型的墙板构件入窑养护，直到构件养护出窑的方法，如图2.3.4所示。构件的养护方法多采用隧道窑养护或立窑养护。

采用平模生产复合外墙的工艺流程如图2.3.5所示，图2.3.6为平模流水线生产的具体施工图。

图2.3.4 平模流水线法施工示意图

图2.3.5 采用平模生产复合外墙的工艺流程

模块2　预制构件的加工与制作

(a) 自动布筋

(b) 浇筑混凝土

(c) 振动密实装置对墙体类型进行振动密实

(d) 养护后的墙体在倾斜台上脱模

图2.3.6　平模流水线生产的具体施工图

平模流水线法的特点：

（1）构件采取水平制作，如果模板不采用翻转脱模，则构件须配置抗起吊弯矩钢筋。

（2）由于构件的成型和养护是按不同工位的流水线设置地点的，因而车间占地面积较大。

（3）这种方法可生产预应力构件、空心构件、复合材料构件和带饰面构件，故多用于生产外墙板和大楼板。

（4）一次性投资费用较大。

2.3.3　成组立模法

成组立模法是墙板在垂直位置成组地进行生产，通过模外设备进行振动成型并采用模腔通热，进行密闭热养护的方法。这种方法所需时间短，占地面积小，一次可生产多块构件，生产效率高，但只能生产单一材料的墙板。采用成组立模法制作外墙板的工艺流程如图2.3.7所示。成组立模法可采用钢立模和钢筋混凝土立模，图2.3.8所示为钢立模。

成组立模法板件制作（教学视频）

图2.3.7　成组立模法制作外墙板的工艺流程

图2.3.8　成组立模法制作墙板（钢立模）

成组立模法的特点：

（1）墙板垂直制作，垂直起吊，比平模制作可减少墙板因翻转起吊的配筋。

（2）因为立模本身既是成型工具，又是养护工具，所以浇筑、成型、养护地点比较集中，车间占地面积较平模工艺要少。

（3）立模养护制品的密闭性能好，与坑养、隧道窑、立窑养护比较，可降低蒸汽耗用量。

（4）制作的墙板两面光滑，适合于制作单一材料的承重内墙板和隔墙板。

（5）墙板上下部位强度不均匀（相差1/5～1/4），应按上部强度使用。

（6）一次性投资费用较大。

2.3.4　外墙板饰面做法

墙板按使用功能分为内墙板和外墙板两大类，如图2.3.9所示。

内墙在工厂养护脱模后即可进行装配，而外墙板饰面一般都在预制墙板时同时做好，这样可以大量减少现场施工时外墙板饰面的工作量。

(a) 预制内墙板　　　　　　　　　　　　　(b) 预制外墙板

图2.3.9　预制墙板

外墙板饰面的做法有正打（又称正做）和反打（又称反做）两种。饰面的类别有面砖类、石粒类，目前已经发展到采用涂料和装饰混凝土。

（1）正打法。正打法，即在已经成型的墙板构件表面预贴陶瓷锦砖、面砖、干粘石以及"印花""压花"的装饰混凝土做法。预贴陶瓷锦砖、面砖的做法与地面铺贴陶瓷锦砖和地面砖基本相同，不同之处在于在墙板四周应留出适当宽度（10～20mm）的镜边，以防墙板在运输、吊装过程中受到磕碰损坏。

（2）反打法。反打法是在台座或钢模的底模上预铺各种花纹的衬模，使墙板的外皮在下面，内皮在上面的做法，与正打法相反。这种工艺可以在浇筑外墙混凝土墙体的同时一次将外墙板饰面的各种线型及质感带出来。外墙板饰面反打工艺的特点是外墙板饰面装饰线条一次成型，形成装饰线条的衬模用压条和螺钉固定在模板车面板上。目前，我国应用的衬模有塑料衬模、玻璃钢衬模、橡胶衬模和聚氨酯衬模4种。

图2.3.10和图2.3.11分别为预制外墙板正打工艺和预制外墙板反打工艺。

图2.3.10　预制外墙板正打工艺　　　　　图2.3.11　预制外墙板反打工艺

2.4 楼梯制作

> **想一想**
> 预制楼梯有小型和大中型,哪种预制楼梯应用较多?为什么?

楼梯制作
(教学视频)

预制楼梯使用的模具是一种可以进行尺寸调节的精密钢制模具,可满足不同尺寸的楼梯预制使用,模具由底模、侧模和端模组成。楼梯模板为钢材制作,可回收利用,模板组装简便,周转次数高,一套模具至少可生产400件以上的梯段。预制楼梯模具可采用立式浇筑模具、卧式浇筑模具和一体式环绕浇筑模具3种,如图2.4.1所示。其中,采用立式浇筑模具预制楼梯,楼梯成型质量好,不需要二次装饰,可有效防止楼梯因二次装饰而产生的空鼓开裂等质量通病;采用卧式浇筑模具预制楼梯,模具安装拆卸时间长,且楼梯下沿面需要手工磨平;一体式环绕浇筑模具一般用于螺旋楼梯的预制。

(a) 立式浇筑模具

(b) 卧式浇筑模具

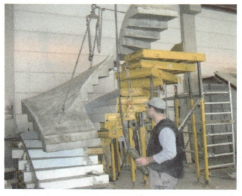
(c) 一体式环绕浇筑模具

图2.4.1 预制楼梯的浇筑方式

预制楼梯主要采用短线台座法生产，预制楼梯施工工艺流程如图2.1.5所示。楼梯构件的制作应遵循设计方案进行操作，严格控制构件制作误差，确保结构的质量和精度。根据图纸和钢筋下料表对钢筋进行切断、弯曲等加工，并绑扎成型。浇筑前检查钢筋笼和预埋件位置是否正确，混凝土拌合物入模温度不应低于5℃，且不应高于35℃。混凝土应分层浇筑，分层厚度不大于500mm。在混凝土运输、输送入模的过程中应使混凝土连续浇筑，以保证其均匀性和密实性。混凝土振捣可采用插入式振动棒或附着振动器，必要时可采用人工辅助振捣。采用自然养护或蒸汽养护的方法，楼梯拆模后应按时浇水保持一定湿度，使其强度正常发展。混凝土浇筑后，在混凝土初凝前和终凝前，分别对混凝土裸露表面进行抹面处理。楼梯拆模起吊前检验同条件养护的混凝土试块强度，平均抗压强度达到或超过15MPa方可脱模，否则继续进行养护。楼梯构件采用吊梁起吊。产品拆模后吊至指定存放地点，在混凝土表面刷缓凝剂处洗刷出抗剪粗糙面。脱模后对构件产生的不影响结构性能、钢筋、预埋件的局部破损和构件表面的非受力裂缝，用修补浆料对表面或裂缝进行修补。图2.4.2为预制楼梯施工现场（部分）。

(a) 模板清理

(b) 钢筋绑扎

(c) 预留预埋

(d) 合模浇筑混凝土

图2.4.2 预制楼梯施工现场（部分）

(e) 脱模清理　　　　　　　　　　　　(f) 翻转堆放

图2.4.2（续）

预制楼梯在堆放时应水平分层、分型号（左、右）码垛，每垛不超过5块，最下面一根垫木应通长，层与层之间应垫平、垫实，各层垫木在一条垂直线上，支点一般为吊装点位置。垫木应避开楼梯薄板处，在垫木外套塑料布，避免接触面损坏，如图2.4.3所示。

图2.4.3　预制楼梯的堆放

2.5　质量检验

> **想一想**
>
> 预制构件的质量检验需要检验哪些方面？

装配整体式混凝土结构中的构件质量检验关系到主体的质量安全，应特别重视。预制构件应具有完整的制作依据和质量检验记录档案，包括预制构件制作详图、原材料合格证及复试报告、工序质量检查验收记录、技术处理方案及出厂检测等资料。预制构件的质量检验主要包含原材料检验、隐蔽工程检验、成品检验三部分。

质量检验
（教学视频）

2.5.1 原材料检验

预制构件生产所用的混凝土、钢筋、套筒、灌浆料、保温材料、拉结件、预埋件等应符合现行国家标准《混凝土强度检验评定标准》（GB/T 50107—2010）和《混凝土结构工程施工质量验收规范》（GB 50204—2015）的规定，并应进行进厂检验，经检测合格后方可使用。预制构件采用的钢筋的规格、型号、力学性能和钢筋的加工、连接、安装等应符合现行国家标准《装配式混凝土结构技术规程》（JGJ 1—2014）和《混凝土结构工程施工质量验收规范》（GB 50204—2015）的规定。门窗框预埋应符合现行国家标准《建筑装饰装修工程质量验收规范》（GB 50210—2001）的规定，混凝土的各项力学性能指标应符合现行国家标准《混凝土结构设计规范（2015年版）》（GB 50010—2010）的规定，钢材的各项力学性能指标应符合现行国家标准《钢结构设计规范》（GB 50017—2003）的规定，灌浆套筒的性能应符合现行国家行业标准《钢筋连接用灌浆套筒》（JG/T 398—2012）[①]的规定，聚苯板的性能指标应符合现行国家标准《绝热用模塑聚苯乙烯泡沫塑料》（GB/T 10801.1—2002）和《绝热用挤塑聚苯乙烯泡沫塑料（XPS）》（GB/T 10801.2—2002）的规定。

2.5.2 隐蔽工程检验

预制构件的隐蔽工程验收包含以下几个方面：

（1）钢筋的规格、数量、位置、间距，纵向受力钢筋的连接方式、接头位置、接头质量、接头面积百分率、搭接长度等。

（2）箍筋、横向钢筋的规格、数量、位置、间距，箍筋弯钩的弯折角度及平直段长度等。

（3）预埋件、吊点、插筋的规格、数量、位置等。

（4）灌浆套筒、预留孔洞的规格、数量、位置等。

（5）钢筋的混凝土保护层厚度，夹芯外墙板的保温层位置、厚度，拉结件的规格、数量、位置等。

（6）预埋管线、线盒的规格、数量、位置及固定措施。

（7）预制构件厂的相应管理部门应及时对预制构件混凝土浇筑前的隐蔽分项进行自检并做好验收记录。

2.5.3 成品检验

预制构件在出厂前应进行成品质量验收，其检查项目包括预制构

---

① 《装配式住宅建筑设计标准》（JGJ/T 398—2017）将于2018年6月1日实施。

件的外观质量、预制构件的外形尺寸、预制构件的外装饰和门窗框、预制构件的钢筋、连接套筒、预埋件、预留孔洞等。其检查结果和方法应符合国家现行标准的规定。

预制构件的外观质量不应有表2.5.1中所列影响结构性能、安装和使用功能的严重缺陷。

表2.5.1 预制构件外观质量缺陷

名称	外观现象	严重缺陷
露筋	预制构件内钢筋未被混凝土包裹而外露	纵向受力钢筋有露筋
蜂窝	混凝土表面缺少水泥砂浆而形成石子外露	构件主要受力部位有蜂窝
孔洞	混凝土中孔穴深度和长度均超过保护层厚度	构件主要受力部位有孔洞
夹渣	混凝土中夹有杂物且深度超过保护层厚度	构件主要受力部位有夹渣
疏松	混凝土中局部不密实	构件主要受力部位有疏松
裂缝	缝隙从混凝土表面延伸至混凝土内部	构件主要受力部位有影响结构性能或使用功能的裂缝
连接部位缺陷	预制构件连接处混凝土缺陷及连接钢筋、连接件松动,灌浆套筒堵塞、偏位,灌浆孔洞堵塞、偏位、破损等	连接部位有影响结构传力性能的缺陷
外形缺陷	缺棱掉角、棱角不直、翘曲不平、飞出凸肋等,装饰面砖黏结不牢、表面不平、砖缝不顺直等	清水或带装饰的预制混凝土构件内有影响使用功能或装饰效果的外形缺陷
外表缺陷	预制构件表面麻面、掉皮、起砂、沾污等	具有重要装饰效果的清水混凝土构件有外表缺陷

预制构件叠合面的粗糙度和凹凸深度应符合设计及规范要求,预制构件外形尺寸允许偏差应满足表2.5.2规定。

表2.5.2 预制构件外形尺寸允许偏差 单位:mm

检查项目		允许偏差	检查方法
长度	板、梁、柱 <12m	±5	钢尺检查
	板、梁、柱 ≥12m且<18m	±10	
	板、梁、柱 ≥18m	±20	
	墙板	±4	
宽度、高(厚)度	板、梁、柱	±5	钢尺量一端及中部,取其中最大值
	墙板高度、厚度	±3	
表面平整度	板、梁、柱、墙板内表面	5	2m靠尺和塞尺检查
	墙板外表面	3	
侧向弯曲	板、梁、柱	$L/750$且≤20	拉线、钢尺量最大侧向弯曲处
	墙板	$L/1000$且≤20	
翘曲	板	$L/750$	水平尺、钢尺在两端量测
	墙板	$L/1000$	

续表

检查项目		允许偏差	检查方法
对角线差	板	10	钢尺量两个对角线
	墙板、门窗口	5	
挠度变形	梁、板设计起拱	±10	拉线、钢尺量最大弯曲处
	梁、板下垂	0	
预埋件	预埋板、吊环、吊钉中心线位置	5	钢尺检查
	预埋套筒、螺栓、螺母中心线位置	2	
	预埋板、套筒、螺母与混凝土面平面高差	−5,0	
	螺栓外露长度	−5,+10	
	预留孔、预埋管中心位置	5	钢尺检查
预留插筋	中心线位置	3	钢尺检查
	外露长度	±5	
格构钢筋	高度	0,5	钢尺检查
键槽	中心线位置	5	钢尺检查
	长、宽、深	±5	
预留洞	中心线位置	10	尺量检查
	尺寸	±10	
与现浇部位模板接槎范围表面平整度		2	2m靠尺和塞尺检查

预制混凝土构件外装饰外观除应符合表2.5.3的规定外，还应符合《建筑装饰装修工程质量验收规范》（GB 50210—2001）的规定。门窗框安装位置允许偏差尚应符合表2.5.4的规定。

表2.5.3 预制构件外装饰允许偏差　　　　　　　　　　　　单位：mm

种类	项目	允许偏差	检查方法
通用	表面平整度	2	2m靠尺和塞尺检查
石材和面砖	阳角方正	2	用托线板检查
	上口平直	2	拉通线用钢尺检查
	接缝平直	3	钢尺或塞尺检查
	接缝深度	±2	
	接缝宽度	±2	钢尺检查

表2.5.4 门窗框安装位置允许偏差　　　　　　　　　　　　单位：mm

项目	允许偏差	检验方法
门窗框定位	±1.5	钢尺检查
门窗框对角线	±1.5	钢尺检查
门窗框水平线	±1.5	钢尺检查

预制构件应有出厂标识，除此之外，预制构件生产企业应提供出厂合格证和产品质量证明书，内容包括构件名称及编号、合格证编号、产品数量、构件型号、质量状况、构件生产企业、生产日期和出厂日期，并有检测部门及检验员、质量负责人签名等。预制构件生产企业应按照有关标准规定或合同要求，对其供应的产品签发产品质量证明书，明确重要参数，有特殊要求的产品还应提供安装说明书。

学习参考

更轻、更快的新型模板（来源：预制建筑网）	旭辉莘庄项目PC构件生产全流程（来源：预制建筑网）	预制构件生产质量优化与构件设计关系（来源：预制建筑网）	PC构件模具和模台制造（来源：预制建筑网）
上海发布《装配式建筑预制混凝土构件工厂建设导则》（来源：预制建筑网）	装配式建筑项目管理实施要点（来源：预制建筑网）	虚拟施工，装配式建筑预制构件施工工艺全解（来源：预制建筑网）	欧洲的装配式建筑发展（来源：预制建筑网）

小 结

构件大批量预制化生产，不但能提高构件质量，而且可大大减少施工现场的湿作业，从而节约人工成本和缩短施工周期，保证了施工现场整齐卫生。本章主要介绍了预制构件的加工制作，具体讲述了预制工厂生产流程，梁、柱、楼板、楼梯等制作过程，以及预制构件的质量检验。一般预制构件的预制过程是模台清理→涂刷隔离剂→模具组装→钢筋及网片安装→预埋件、预留孔洞、预埋管线等→隐蔽工程验收→混凝土浇筑→养护→脱模、起吊→成品验收。具体预制构件的制作过程可查阅本章相关内容。

实践　装配式预制构件厂视频观看

【实践目标】

1. 了解装配式预制构件厂布置。
2. 熟悉装配式预制构件制作生产过程。

【实践要求】

1. 复习施工技术知识和本模块内容。
2. 遵守教师教学安排。
3. 完成布置任务。

【实践资源】

1. 影视播放厅或多媒体教室。
2. 由老师提供4个以上装配式建筑相关视频。

【实践步骤】

1. 教师做实训布置。
2. 播放视频。
3. 教师布置作业。
① 预制梁、柱的制作过程。
② 预制楼板的制作过程。
③ 预制墙板的制作过程。
④ 预制楼梯的制作过程。
⑤ 哪些因素会影响预制构件的精度?
⑥ 现浇构件制作过程和预制构件制作过程的差异在哪里?
4. 学生讨论后提交作业。
5. 教师总结。

【上交成果】　作业一份。

习题

1. 预制构件的生产方法有（　　）。
   A．流水生产线法　　　　B．台座法　　　　C．A和B
2. 模具组装完成后尺寸允许偏差应符合要求,净尺寸宜比构件尺寸缩小（　　）mm。
   A．0～1　　　　　　　　B．1～2　　　　　　C．2～3

3. 预制构件混凝土应均匀连续浇筑,投料高度不宜大于（　　）mm。
   A. 500 B. 600 C. 800
4. 浇筑预制构件混凝土从出机到浇筑时间,即间歇时间不宜超过（　　）min。
   A. 30 B. 40 C. 50
5. 起吊预制构件,其混凝土立方体抗压强度应满足设计要求,且不应小于（　　）N/mm^2。
   A. 10 B. 12 C. 15
6. 预制混凝土梁根据制作工艺不同可分为预制实心梁、（　　）和预制梁壳3类。
   A. 预制叠合梁 B. 预制空心梁 C. 预制T形梁
7. 墙板制作按生产工艺分为台座法、平模流水线法和（　　）3种。
   A. 短线台座法 B. 长线台座法 C. 成组立模法
8. 下面不属于外墙板饰面做法的是（　　）。
   A. 正打法 B. 反打法 C. 湿贴法
9. 反打法中,目前我国应用的衬模有（　　）种。
   A. 3 B. 4 C. 5
10. 楼梯拆模起吊前检验同条件养护的混凝土试块强度,当平均抗压强度达到或超过（　　）MPa方可脱模,否则继续进行养护。
    A. 15 B. 18 C. 20

模块三 施工前准备工作

教学PPT

知识目标

1. 了解结构安装工程常用的起重机械、索具、吊具和机具。
2. 掌握装配式混凝土结构安装工程施工平面布置的要点。
3. 掌握预制构件运输、进场检验和存放的方法和要求。

能力目标

1. 能合理地布置塔吊位置，会设计施工平面图。
2. 能正确地进行构件进场检验、堆放和成品保护。

知识导引

　　施工前准备工作是为了保证工程顺利开工和施工活动正常进行而必须事先做好的各项准备工作。它是施工程序中的重要环节，不仅存在于开工前，而且贯穿于整个施工过程之中。为了保证工程项目顺利地进行施工，必须做好施工前准备工作。

　　施工前准备工作应遵循建筑施工程序，只有严格按照建筑施工程序进行，才能使工程施工符合技术规律和经济规律。充分做好施工前准备工作，可以有效降低风险损失，加强应变能力。工程项目中不仅需要耗用大量材料，使用许多机械设备，组织安排各工种人力，涉及广泛的社会关系，还要处理各种复杂的技术问题，协调各种配合关系，因而需要通过统筹安排和周密准备，才能使工程顺利开工，开工后才能连续顺利地施工且能得到各方面条件的保证。认真做好工程项目施工前准备工作，能调动各方面的积极因素，合理组织资源，加快施工进度，提高工程质量，降低工程成本，从而提高企业经济效益和社会效益。

　　施工前准备工作的内容我们已经在"建筑施工组织"这门课程中进行了学习，本书主要就装配式混凝土结构工程的施工准备工作进行阐述，其内容侧重于围绕预制构件的吊装施工。

3.1 施工平面布置

> **想一想**
>
> 装配式混凝土结构和现浇钢筋混凝土结构的施工工艺不同，那么它们在施工平面布置上有什么区别呢？

装配式建筑施工平面的布置应遵循一般的布置原则，如要紧凑合理，尽量减少施工用地；尽量利用原有建筑物或构筑物，降低施工设施建造费用；合理地组织运输，保证现场运输道路畅通，尽量减少场内运输费；临时设施的布置，应便于工人生产和生活，办公用房靠近施工现场；应符合安全、消防、整齐、美观、环保的要求；施工材料堆放应尽量设在垂直运输机械覆盖的范围内，以减少二次搬运等。同时，由于装配式混凝土结构施工中吊运工作量大，因而又有别于现浇混凝土结构施工，其施工平面布置应重点考虑预制构件场内运输道路及场内构件存放场地、存放量等实际要求；在选定吊装机械的前提下，还要正确处理好预制构件安装与预制构件运输、堆放的关系，充分发挥吊装机械的作用。

3.1.1 起重机械布置

起重机械布置
（教学视频）

起重机械的布置直接影响构件堆场、材料仓库、加工厂、搅拌厂的位置，以及道路、临时设施及水、电等管线的布置，因此是施工现场全局的中心环节，应首先确定。由于各种起重机械的性能不同，其布置也不尽相同。

1. 塔式起重机的布置

塔式起重机的位置要根据现场建筑四周的施工场地、施工条件和吊装工艺确定。一般布置在建筑长边中点附近，可以用较小的臂长覆盖整个建筑和堆场［图3.1.1（a）］；若为群塔布置，则对向布置可以在较小臂长、较大起重能力的情况下覆盖整个建筑［图3.1.1（b）］；也可以将塔式起重机布置在建筑核心位置处［图3.1.1（c）］。原则上塔式起重机应置于距最重构件和吊装难度最大的构件最近处，例如，PC外挂板属于各类构件中重量最大的预制构件，而重量最大的PC外挂板通常位于楼梯间位置，故塔式起重机宜布置在楼梯间一侧。

在确定塔式起重机的位置后，还应绘制出塔式起重机的服务范围。在服务范围内，起重机应能将预制构件和材料运至任何施工地点，避免出现吊装死角。服务范围内还应有较宽敞的施工用地，主要临时道路也宜安排在塔式起重机的服务范围内，尤其是当现场不设置构件堆场时，构件运输至现场后须立即进行吊装。

图3.1.1 塔式起重机的布置方案

若为轨道式塔式起重机，其轨道应沿建筑物的长向布置。通常可以采取单侧布置或双侧（环形）布置：当建筑物宽度较小、构件自重不大时，可采用单侧布置方式；当建筑物宽度较大、构件自重较大时，应采用双侧（或环形）布置，如图3.1.2所示。对于轨道内侧到建筑物外墙皮的距离，当塔式起重机布置在无阳台等外伸部件一侧时，取决于支设安全网的宽度，一般为1.5m左右；当塔式起重机布置在阳台等外伸部件一侧时，要根据外伸部件的宽度决定，如遇地下室窗井时还应适当加大。布置时，须对塔式起重机行走轨道的场地进行碾压、铺轨，然后安装塔式起重机，并在其周围设置排水沟。

图3.1.2 轨道式塔式起重机布置方案

a—轨道中心到建筑物外墙皮的距离；b—建筑物外纵墙距离；R—起重机的工作半径

装配式建筑施工塔式起重机除负责所有预制构件的吊运安装外，还要进行建筑材料、施工机具的吊运，且预制构件的吊运占用时间长。因此，塔式起重机的任务繁重，常需进行群塔布置。群塔布置除考虑起吊能力和服务范围外，还应对其作业方案进行提前设计。在布置时应结合建筑主体施工进度安排，进行高低塔搭配，确定合理的塔式起重机升节、附墙时间节点。相邻塔式起重机之间的最小架设距离应保证低位塔式起重机的起重臂端部与另一台塔式起重机的塔身之间至少有2m的距离，高位塔式起重机的最低位置的部件与低位塔式起重机中最高位置部件之间的垂直距离不应小于2m，如图3.1.3所示。

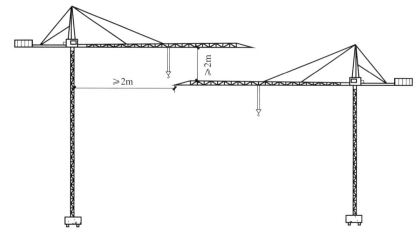

图3.1.3 群塔安全距离示意图

塔式起重机应与建筑物保持一定的安全距离。定位时，需结合建筑物总体综合考虑，应考虑距离塔式起重机最近的建筑物各层是否有外伸挑板、露台、雨篷、阳台或其他建筑造型等，防止其碰撞塔身。如建筑物外围设有外脚手架，则还须考虑外脚手架的设置与塔身的关系。《塔式起重机安全规程》（GB 5144—2006）规定，塔吊的尾部与周围建筑物及其外围施工设施之间的安全距离不小于0.6m，如图3.1.4所示。

施工场地范围有架空输电线时，塔式起重机与架空线路边线必须满足最小的安全距离，如表3.1.1所示。实在无法避免时，可考虑搭设防护架。

图3.1.4 塔式起重机的尾部与周围建筑物及其外围施工设施之间的安全距离

表3.1.1 塔式起重机和架空线边线的最小安全距离

项目		电压/kV				
		<1	1～15	20～40	60～110	220
安全距离/m	沿垂直方向	1.5	3.0	4.0	5.0	6.0
	沿水平方向	1.5	2.0	3.5	4.0	6.0

　　塔式起重机的布置应考虑工程结束后易于拆除，应保证降塔时塔式起重机起重臂、平衡臂与建筑物无碰撞、有足够的安全距离。如果采用其他塔式起重机辅助拆除，则应考虑该辅助塔式起重机的起吊能力及范围。如果采用汽车式起重机等辅助吊装设备，应提前考虑拆除时汽车式起重机等设备的所在位置，是否有可行的行车路线与吊装施工场地。

　　塔式起重机的定位还需考虑塔式起重机基础与地下室的关系，如在地下室范围内，应尽量避免其与地下室结构梁、板等发生碰撞，如确实无法避免与结构梁、板等冲突时，应在与塔身发生冲突处的梁、板留设施工缝，待塔式起重机拆除后再施工。施工缝的留设位置应满足设计要求。如在地下室结构范围外，应主要考虑附墙距离、塔式起重机基础稳定、基坑边坡稳定等问题，如图3.1.5所示。

图3.1.5 塔式起重机基础与地下室之间的关系

选择可以设置塔式起重机附墙的位置布置塔机。从多栋建筑的高度和单体建筑的体型来考虑，塔机定位时应就高不就低，布置于最高的建筑或部位，塔机的自由高度应能满足屋面的施工要求，拟附墙的楼层应有满足附墙要求的支承点，且塔身与支承点的距离满足要求。装配式建筑外挂板、内墙板属于非承重构件，所以不得用作塔式起重机附墙连接。分户墙、外围护墙与主体同步施工，导致附着杆的设置受到影响，宜将塔式起重机定位在窗洞或阳台洞口位置，以便于将附着杆伸入洞口设置在主体结构上，如图3.1.6所示。如有必要也可在外挂板及其他预制构件上预留洞口或设置预埋件，此时必须在开工前即下好构件工艺变更单，使工厂提前做好预留预埋，不得采用事后凿洞或锚固的方式。

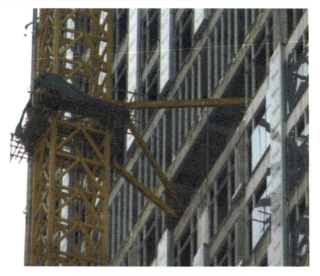

图3.1.6　塔式起重机附着杆的设置

此外，塔式起重机的布置应尽可能减少塔式起重机司机的视线盲区，在沿海风力较大的地区，宜根据当地的风向将塔式起重机布置在建筑物的背风面，尽量减少与其他建筑场地的干涉，尽量避免塔式起重机临街布置，防止吊物坠落伤及行人。

2. 自行式起重机的布置

若装配式建筑的构件数量少、吊装高度低，或者所布置的塔式起重机有作业盲区，可以选用汽车式或履带式等自行式起重机，或将两者配合使用，如图3.1.7所示。

自行式起重机行驶路线一般沿建筑物纵向一侧或两侧布置，也可以沿建筑物四周行驶布置。吊装时的开行路线及停机位置主要取决于建筑物的平面布置、构件自重、吊装高度和吊装方法。起重机机身最突出部位到外墙皮的距离，不小于起重机回转中心到建筑物外墙皮距离的一半，臂杆距屋顶挑檐的最小安全距离一般为0.6～0.8m，如图3.1.8所示。此外，现场还应满足自行式起重机的运转行走和固定等基本要求。

图3.1.7 塔式起重机和汽车式起重机配合的方案

图3.1.8 履带式起重机行驶路线示意图

a—起重机回转中心到建筑物外墙皮的距离；b—建筑物外纵墙距离；a'—起重机机身最突出部位到外墙皮的距离；a''—臂杆距屋顶挑檐的最小安全距离；R—起重机的工作半径

3.1.2 运输道路布置

预制构件的运输对构件的堆放、起吊等后续作业有较大的影响。因此运输道路的布置是现场布置的重点内容，应对道路的线路规划、

运输道路布置
（教学视频）

宽度、转弯半径、坡度、承载能力等进行重点关注。

现场道路必须满足构件、材料的运输和消防要求。宜围绕单位工程设置环形道路，以保证构件运输车辆的通行顺畅，有条件的施工现场可分设进、出两个门，以充分发挥道路运输能力，压缩运输时间，便于进行车上起吊安装，加快施工进度，缩减临时堆放需求。现场道路应满足大型构件运输车辆对道路宽度、转弯半径和荷载的要求，在转弯处需适当加大路面宽度和转弯半径，道路宽度一般不小于4m，转弯半径弧度应大于工地最长车辆拐弯的要求。另外，也要考虑现场车辆进出大门的宽度以及高度，常用运输车辆宽4m、长16～20m。

现场道路的面层须硬化，路面要平整、坚实，可以采用现浇混凝土，也可以预制钢筋混凝土大板或敷设钢板，便于回收利用，如图3.1.9所示。道路两侧应设置排水沟，以利于雨期排水。

图3.1.9　预制钢筋混凝土大板路面和钢板敷设路面

除对现场道路进行规划设计之外，必须对部品运输路线中桥涵限高、限行进行实地勘察，以满足要求，如有超限部品的运输应当提前办理特种车辆运输手续。

3.1.3　预制构件和材料堆放区布置

预制构件和材料堆放区布置
（教学视频）

装配式建筑的安装施工计划应尽可能考虑将构件直接从车上吊装，减少构件的现场临时存放，从而可以缩小甚至不设置存放场地，大大减少起重机的工作量，提高施工效率。但是，由于施工车辆在某些时段和区域限行限停，工地通常不得不准备构件临时堆放场地。

预制构件堆放区的空间大小应根据构件的类型和数量、施工现场空间大小、施工进度安排、构件工厂生产能力等综合确定，在场地空间有限的情况下，可以合理组织构件生产、运输、存放和吊装的各个环节，使之紧密衔接，尽可能压缩构件的存放时间和存放量以节约堆放空间。场地空间还应考虑构件之间的人行通道，以方便现场人员作业，通常道路宽度不宜小于600mm。

预制构件堆放区的空间位置要根据吊装机械的位置或行驶路线来确定，应使其位于吊装机械有效作业范围内，以缩小运距、避免二次搬运，从而减少吊装机械空驶或负荷行驶，但同时不得在高处作业区下方，特别注意避免坠落物砸坏构件或造成污染。距建筑物周围3m范围内为安全禁区，不准堆放任何构件和材料。各类型构件的布置需满足吊装工艺的要求，尽可能将各类型构件在靠近使用地点布置，并首先考虑重型构件。构件存放区域要设置隔离围挡或车挡，避免构件被工地车辆碰撞损坏。

场地设置要根据构件类型和尺寸划分区域分别存放，要充分利用建筑物两端空地及吊装机械工作半径范围内的其他空地，也可以将构件根据施工进度安排存放到地下室顶板或已经完工的楼层上，但必须征得设计的同意，楼盖承载力满足堆放要求。楼板、屋面板、楼梯、休息平台板、通风道等预制构件，一般沿建筑物堆放在墙板的外侧。结构安装阶段需要吊装到楼层的零星构配件、混凝土、砂浆、砖、门窗、管材等材料的堆放，应视现场具体情况而定。这些构件和材料应确定数量，组织吊次，按照楼层布置的要求，随每层结构安装逐层吊运到楼层指定地点。

构件堆放场的地面应平整、坚实，尽可能采用硬化面层，否则场地应当夯实，表面铺砂石，如图3.1.10所示。场地应有良好的排水措施。卸放和吊装工作范围内不应有障碍物，并应有满足预制构件周转使用的场地。

装配式民用建筑施工平面布置参见图3.1.11。

图3.1.10 预制构件堆场地面硬化

图3.1.11 装配式民用建筑施工平面布置示意图

3.2 起重机械配置

> **想一想**
>
> 现浇钢筋混凝土工程施工中，起重机械常用来吊装钢筋、水泥、墙体材料、模板等，而预制装配式工程施工中，除吊装上述材料外，更主要的是吊装各种预制构件，请思考一下这两类吊装作业对起重机械的要求有何不同？

与现浇相比，装配式建筑施工的中心环节是吊装作业，且起重量大幅度增加。根据具体工程构件重量不同，一般在5～14t。剪力墙工程的起重量比框架或筒体工程的起重量要小一些。

3.2.1 起重机械的类型

装配式建筑施工常用的吊装机械有自行式起重机和塔式起重机。自行式起重机有履带式起重机、轮胎式起重机和汽车式起重机。塔式起重机有轨道式塔式起重机、爬升式塔式起重机和附着式塔式起重机。

起重机械配置
（教学视频）

1. 履带式起重机

履带式起重机由回转台和履带行走机构两部分组成，如图3.2.1所示。履带式起重机操作灵活，使用方便，本身能回转360°。在平坦坚实的地面上能负荷行驶，吊物时可退可避。此类起重机对施工场地要求不严，可在不平整泥泞的场地或略加处理的松软场地（如垫道木、铺垫块石、厚钢板等）行驶和工作。履带式起重机的缺点是自重大，行驶速度慢，转向不方便，易损坏路面，转移时需用平板拖车装运。履带式起重机适于各种场合吊装大、中型构件，是装配式结构工程中广泛使用的起重机械，尤其适合于地面松软、行驶条件差的场合。

2. 轮胎式起重机

轮胎式起重机构造与履带式起重机基本相同，只是行走接触地面的部分改用多轮胎而不是履带，外形如图3.2.2所示。轮胎式起重机机动性高、行驶速度快、操作和转移方便，有较好的稳定性，起重

图3.2.1 履带式起重机

图3.2.2 轮胎式起重机

臂多为伸缩式，长度可调，对路面无破坏性，在平坦地面上可不用支腿进行小起重量吊装及吊物低速行驶。其缺点是吊重时一般需放下支腿，不能行走，工作面受到一定的限制，对构件布置、排放要求严格；施工场地需平整、碾压坚实，在泥泞场地行走困难。轮胎式起重机适用于装卸一般吊装工程中较高、较重的构件，尤其适合于路面平整坚实或不允许损坏的场合。

3. 汽车式起重机

汽车式起重机把起重机构装在汽车底盘上，起重臂杆采用高强度钢板做成箱形结构，吊臂可根据需要自动逐节伸缩，外形如图3.2.3所示。汽车式起重机行走速度快，转向方便，对路面没有损坏，符合公路车辆的技术要求，可在各类公路上通行。其缺点是在工作状态下必须放下支腿，不能负荷行驶，工作面受到限制；对构件放置有严格要求；施工场地须平整、碾压坚实；不适合在松软或泥泞的场地上工作。汽车式起重机适用于临时分散的工地以及物料装卸、零星吊装和需要快速进场的吊装作业。

图3.2.3 汽车式起重机

4. 轨道式塔式起重机

轨道式塔式起重机是一种能在轨道上行驶的起重机，又称自行式塔式起重机，外形如图3.2.4所示。这种起重机的优点是可负荷行驶，使用安全、生产效率高，起重高度可按需要增减塔身、互换节架。但其缺点是需铺设轨道、占用施工场地过大，塔架高度和起重量较固定式的小。

5. 爬升式塔式起重机

爬升式塔式起重机是安装在建筑物内部电梯井、框架梁或其他合适开间的结构上，随建筑物的升高向上爬升的起重机械，如图3.2.5所示。通常每吊装1～2层楼的构件后，向上爬升一次。这类起重机主要用于

图3.2.4 轨道式塔式起重机

高层（10层以上）结构安装。其优点是机身体积小，重量轻，安装简单，不占施工场地，适于现场狭窄的高层建筑结构安装。但缺点是全部荷载由建筑物承受，需要做结构验算，必要时需做加固，施工结束后拆卸复杂，一般需设辅助起重机进行拆卸。

6. 附着式塔式起重机

附着式塔式起重机是固定在建筑物近旁混凝土基础上的起重机械，它可借助顶升系统随着建筑施工进度而自行向上接高。为了减小塔身的自由高度，规定每隔14～20m将塔身与建筑物用锚固装置联结起来，如图3.2.6所示。其优点是起重高度高，地面所占的空间较小，可自行升高，安装很方便，适宜用于高层建筑施工。缺点是需要增设附墙支撑，对建筑结构有一定的水平力作用，拆卸时所需场地大。

图3.2.5　爬升式塔式起重机

图3.2.6　附着式塔式起重机

3.2.2　配置要求

起重机械的选择应根据建筑物结构形式、构件最大安装高度和重量、作业半径及吊装工程量等条件来进行。选型之前要先对构建物各部分的构件重量进行计算，校验其重量是否与起重机的起吊重量相匹配，并适当留有余量；再综合起重机实际的起重力矩、建筑物高度等方面的因素进行确定。所采用的起重设备及其施工操作，均应符合国家现行标准及产品应用技术手册的规定。吊装开始前，应复核吊装机具是否满足吊装重量、吊装力矩、构件尺寸及作业半径等施工要求，并调试合格。

吊装机械的选型应根据其工作半径、起重量、起重力矩和起重高度来确定,并满足以下要求:

(1)工作半径。工作半径是指吊装机械回转中心线至吊钩中心线的水平距离,包括最大幅度与最小幅度两个参数,应重点考察最大幅度条件下是否能满足施工需要。

(2)起重量。起重量是指起重机在各种工况下安全作业所容许的最大起吊重量,包括PC构件、吊具、索具等的重量。对于PC构件起吊及落位整个过程是否超荷,须进行塔吊起重能力验算。

(3)起重力矩。起重力矩是指起重机的幅度与在此幅度下相应的起重量的乘积,能比较全面和确切地反映塔式起重机的工作能力,塔式起重机起重力矩一般控制在其额定起重力矩的75%之下,才能保证作业安全并延长其使用寿命。

(4)起重高度。起重高度是指从地面至吊钩中心的垂直距离,一般应根据建筑物的总高度、预制构件的最大高度、安全生产高度、索具高度、脚手架构造尺寸及施工方法等综合确定,如图3.2.7所示。当为群塔施工时,还需考虑群塔间的安全垂直距离。

图3.2.7 吊装机械起吊高度示意图

$$H = h + h_1 + h_2 + c$$

式中:h——吊装机械停放平面到建筑物顶部距离;

h_1——建筑物顶部与起吊构件下部的安全生产距离;

h_2——预制构件的最大高度;

c——索具高度。

知识拓展

塔式起重机简称塔机,也称塔吊,起源于西欧。据记载,第一项有关建筑用塔机专利颁发于1900年。1905年出现了塔身固定的装有臂架的起重机,1923年制成了近代塔机的原型样机,同年出现第一台比较完整的近代塔机。1930年德国开始批量生产塔机,并用于建筑施工。1941年,有关塔机的德国工业标准DIN8770公布。该标准规定以吊载(吨,t)和幅度(米,m)的乘积(吨·米,t·m)即重力矩来表示塔机的起重能力。

3.3 索具、吊具和机具的配置

> **想一想**
>
> 索具的极限工作载荷是通过单肢吊索在垂直悬挂时允许承受物品的最大质量来计算的，请问该极限工作荷载是否是索具的最大安全工作载荷？

按行业习惯，我们把系结物品的挠性工具称为索具或吊索，把用于起重吊运作业的刚性取物装置称为吊具，把在工程中使用的由电动机或人力通过传动装置驱动带有钢丝绳的卷筒或环链来实现载荷移动的机械设备称为机具。索具与吊具的选用应与所吊构件的种类、工程条件及具体要求相适应。吊装方案设计时应对索具和吊具进行验算，索具不得超过其最大安全工作载荷，吊具不得超过其额定起重量。作业前应对其进行检查，当确认各功能正常、完好时，再投入使用。

3.3.1 索具

索具指为了实现物体挪移，系结在起重机械与被起重物体之间的受力工具，以及用于稳固空间结构的受力构件。索具主要有金属索具和纤维索具两大类。金属索具主要有钢丝绳吊索类、链条吊索类[图3.3.1(a)、(b)]等。纤维索具主要有以天然纤维或锦纶、丙纶、涤纶、高强高模聚乙烯纤维等合成纤维为材料生产的绳类和带类索具[图3.3.1(c)]。

索具
（教学视频）

(a) 钢丝绳

(b) 链条

(c) 合成纤维

图3.3.1 索具

吊索的形式如图3.3.2所示，主要由钢丝绳、链条、合成纤维带制作。它们的使用形式随着物品形状、种类的不同而有不同的悬挂角度和吊挂方式，同时使得索具的许用载荷发生变化。钢丝绳吊索、吊链、人造纤维吊索（带）的极限工作载荷是以单肢垂直悬挂确定的。最大安全工作荷载等于吊挂方式系数乘以标记在吊索单独分肢上的极限工作荷载。工作中，只要实际荷载小于最大安全工作荷载，即满足索具的安全使用条件。吊索在PC工程中的使用如图3.3.3所示。

图3.3.2 吊索的形式

图3.3.3 吊索在PC工程中的使用

1. 钢丝绳

钢丝绳是吊装工作中的常用绳索，它具有强度高、韧性好、耐磨性好等优点。同时，磨损后外表产生毛刺，容易发现，便于预防事故的发生。

在结构吊装中常用的钢丝绳由6股钢丝和1股绳芯（一般为麻芯）捻成，每股又由多根直径为0.4~4.0mm的高强钢丝和股芯捻成（图3.3.4）。其捻制方法有右交互捻、左交互捻、右同向捻和左同向捻4种（图3.3.5）。结构吊装中常用交互捻绳，因为这一类钢丝绳强度高，吊重时不易扭结和旋转。

图3.3.4　钢丝绳的构造　　　　图3.3.5　钢丝绳的捻制方法

每一个索具在每一次使用前必须要检查，已损坏的索具不得使用。钢丝绳如有下列情况之一者，应予以报废：钢丝绳磨损或锈蚀达直径的40%以上，钢丝绳整股破断，使用时断丝数目增加得很快。钢丝绳每一节距长度范围内，断丝根数不允许超过规定的数值，一个节距是指某一股钢丝搓绕绳一周的长度，约为钢丝绳直径的8倍。

钢丝绳的节距及直径的正确量法分别如图3.3.6和图3.3.7所示。

图3.3.6　钢丝绳节距的量法

图3.3.7　钢丝绳直径的量法

2. 吊链

吊链是由短环链组合成的挠性件。短环链由钢材焊接而成。由于材质不同吊链分为M（4）、S（6）和T（8）级3个强度等级。其最大特点是承载能力大，可以耐高温，因此多用于冶金行业。其不足是对冲击载荷敏感，发生断裂时无明显的先兆。

吊链使用前，应进行全面检查，准备提升时，链条应伸直，不得扭曲、打结或弯折。当发生以下情形时应予报废：链环发生塑性变形，伸长达原长度的5%；链环之间以及链环与端部配件连接接触部位磨损减小到原公称直径的80%；其他部位磨损减少到原公称直径的90%；出现裂纹或高拉应力区的深凹痕、锐利横向凹痕；链环修复后，未能平滑过渡或直径减少量大于原公称直径的10%；扭曲、严重锈蚀以及积垢不能加以排除；端部配件的危险断面磨损减少量达原尺寸的10%；有开口度的端部配件，开口度比原尺寸增加10%。

3. 白棕绳及合成纤维绳

白棕绳以剑麻为原料，具有滤水、耐磨和富有弹性的特点，可承受一定的冲击载荷。以聚酰胺、聚酯、聚丙烯为原料制成的绳和带，因具有比白棕绳更高的强度和吸收冲击能量的特性，已广泛地使用于起重作业中。纤维绳索使用前必须逐段仔细检查，避免带隐患作业，不允许和有腐蚀性的化学物品（如碱、酸等）接触，不应有扭转打结现象。白棕绳应放在干燥木板通风良好处储存保管，合成纤维绳应避免在紫外线辐射条件下及热源附近存放。

为防止极限工作载荷标记磨损不清发生错用，合成纤维吊带以颜色进行区分：紫色为1000kg；绿色为2000kg；黄色为3000kg；银灰色为4000kg；红色为5000kg；蓝色为8000kg；橘黄色为10000kg以上，如图3.3.8所示。

图3.3.8 合成纤维吊索

3.3.2 吊具

吊具是指起重机械中吊取重物的装置。常用的有吊钩、吊环、卸扣、钢丝绳夹头（卡扣）和横吊梁等。

1. 吊钩

吊钩是起重机械中最常见的一种吊具。吊钩常借助于滑轮组等部件,悬挂在起升机构的钢丝绳上。吊钩按形状分为单钩和双钩(图3.3.9),钩挂重量在80t以下时常用单钩形式,双钩用于80t以上大型起重机装置,在吊装施工中常用单钩。吊钩按制造方法分为锻造吊钩和叠片式吊钩。

对吊钩应经常进行检查,若发现吊钩有下列情况之一时,必须报废更换:表面有裂纹、破口,开口度比原尺寸增加15%;危险断面及钩颈有永久变形,扭转变形超过10°;挂绳处断面磨损超过原高度10%;危险断面与吊钩颈部产生塑性变形。

(a) 单钩　　　　(b) 双钩

图3.3.9　吊钩

2. 吊环

吊环主要是用在重型起重机上,但有时中型和小型起重机重载重量低至5t的也有采用。因为吊环为一全部封闭的形状,所以其受力情况比开口的吊钩要好;但其缺点是钢索必须从环中穿过。吊环一般是作为吊索、吊具钩挂起升至吊钩的端部件,根据吊索的分肢数的多少,可分为主环和中间主环。根据吊环的形状分类,有圆吊环、梨形吊环、长吊环等,如图3.3.10所示。吊环出现以下情况应及时更换:吊环任何部位经探伤有裂纹或用肉眼看出的裂纹;吊环出现明显的塑性变形;吊环的任何部位磨损量大于原尺寸的2.5%;吊环直径磨损或锈蚀超过名义尺寸的10%;长吊环内长L变形率达5%以上。

吊具
(教学视频)

(a) 圆吊环　　　(b) 梨形吊环　　　(c) 长吊环

图3.3.10　吊环

吊环螺栓是一种带螺杆的吊环,属于一类标准紧固件,其主要作用是起吊载荷,通常用于设备的吊装,如图3.3.11所示。吊环螺栓在PC构件中使用时，要求经设计预埋相应的螺孔，例如预制构件上部起吊位置设置套筒，可以利用吊环螺栓和预埋套筒螺钉进行连接。吊环螺栓（包括螺杆部分）应整体锻造无焊接。吊环螺栓应定期检查，特别注意以下事项：标记应清晰；螺纹应无磨损、锈蚀及损坏；螺纹中无碎屑；螺杆应无弯曲，环眼无变形、切削加工的直径无减小，还应无裂口、裂纹、擦伤或锈蚀等任何损坏现象。

图3.3.11　吊环螺栓

3. 卸扣

卸扣又称卡环，用于绳扣（如钢丝绳）与绳扣、绳扣与构件吊环之间的连接，是起重吊装作业中应用较广的连接工具。卡环由弯环与销子（又叫芯子）两部分组成，一般都采用锻造工艺，并经过热处理，以消除卸扣在锻造过程中的内应力，增加卸扣的韧性。按销子与弯环的连接形式，卸扣分为D形和弓形两类（图3.3.12）。

(a) W形D形卸扣　　(b) X形D形卸扣　　(c) W形弓形卸扣　　(d) X形弓形卸扣

图3.3.12　卸扣

当卸扣出现以下情形时应报废：有明显永久变形或轴销不能转动自如；扣体和轴销任何一处截面磨损量达原尺寸的10%以上；卸扣任何一处出现裂纹；卸扣不能闭锁；卸扣试验检验不合格。

4. 钢丝绳夹头（卡扣）

钢丝绳夹头用来连接两根钢丝绳，也称绳卡、线盘。通常用的钢丝绳夹头有骑马式、压板式和拳握式3种，其中骑马式卡扣连接力最强，目前应用最广泛，如图3.3.13所示。钢丝绳夹头的使用安装方法如图3.3.14所示。

图3.3.13　骑马式卡扣

图3.3.14　钢丝绳夹头的使用安装方法

5. 横吊梁

横吊梁又称为铁扁担，可用于柱、梁、墙板、叠合板等构件的吊装。用横吊梁吊装构件容易使构件保持垂直，便于安装，且可以降低起吊高度，减少吊索的水平分力对构件的压力。图3.3.15为使用横吊梁吊装预制梁和墙板。

图3.3.15　使用横吊梁吊装预制梁和墙板

常用的横吊梁有滑轮横吊梁、钢板横吊梁、钢管横吊梁等，如图3.3.16所示。

图3.3.16 横吊梁

横吊梁还可形成二维的平面吊装架，适用于一些较大的薄型构件或集成度较高的部品，以进一步减小各吊索的水平分力对构件的压力，使构件的吊装受力更加合理，如图3.3.17所示。

图3.3.17 平面吊装架的使用

3.3.3 机具

1. 滑轮组

机具
（教学视频）

滑轮组是由一定数量的定滑轮和动滑轮以及绳索组成的。滑轮组既能省力又可改变力的方向。滑轮组是起重机械的重要组成部分。通过滑轮组能用较小拉力的卷扬机起吊较重的构件。

滑轮组根据跑头（滑车组的引出绳头）引出的方向不同，可分为以下3种（图3.3.18）。其中，图3.3.18（a）所示为自动滑轮引出，用力方向与重物的移动方向一致；图3.3.18（b）所示为自定滑轮引出，用力方向与重物的移动方向相反；图3.3.18（c）所示为双联滑轮组，有两个跑头，速度快，滑轮受力比较均匀，可用两台卷扬机同时牵引。

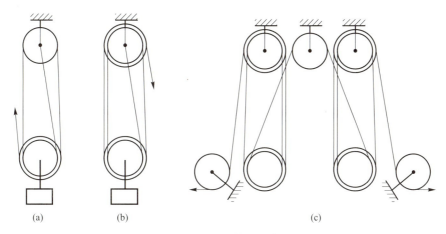

图3.3.18 滑轮组种类

2. 卷扬机

卷扬机又称绞车,是用卷筒缠绕钢丝绳或链条提升或牵引重物的轻小型起重设备。卷扬机有手动卷扬机和电动卷扬机两种,工程中,以电动卷扬机为主。在建筑施工中常用的电动卷扬机有快速和慢速两种,如图3.3.19所示。快速电动卷扬机主要用于垂直、水平运输和打桩作业,慢速电动卷扬机主要用于结构吊装、钢筋冷拉和预应力钢筋张拉作业。常用的电动卷扬机的牵引能力一般为1~10t(10~100kN)。

(a) 快速电动卷扬机　　　　　　(b) 慢速电动卷扬机

图3.3.19 卷扬机

卷扬机在使用时必须做可靠的锚固,以防止在工作时产生滑移或倾覆。根据牵引力的大小,卷扬机的固定方法有4种,如图3.3.20所示。卷扬机的安装位置应使操作人员能看清指挥人员或起吊(拖动)的重物。卷扬机至构件安装位置的水平距离应大于构件的安装高度,以保证操作者的视线仰角不大于45°。

(a) 螺栓固定法　　(b) 横木固定法

(c) 立桩固定法　　(d) 压重固定法

图3.3.20　卷扬机的固定方法

3. 葫芦

葫芦是由装在公共吊架上的驱动装置、传动装置、制动装置以及挠性卷放，或夹持装置带动取物装置升降的轻型起重设备，分为手动葫芦和动力葫芦两类。手动葫芦有手拉葫芦和手扳葫芦两种；动力葫芦有电动葫芦和气动葫芦两种，如图3.3.21所示。

(a) 手拉葫芦　(b) 手扳葫芦　(c) 电动葫芦　(d) 气动葫芦

图3.3.21　葫芦的种类

手动葫芦重量轻、体积小、携带方便、操作简单、适应各种作业环境，应用广泛。手动葫芦可用于小型设备和各类重物的短距离移位安装；大型构件吊装时需轴线找正，拉紧绳索和缆风绳等。

动力葫芦安装于起重机支架上，用来升降和运移物品，一般由人在地面使用尾线控制按钮跟随操控或在司机室内操纵，也有的采用无线远距离遥控的方式。

3.4 施工工具的配置

> **想一想**
>
> 灌浆作业是装配式混凝土结构施工的重点,直接影响到装配式建筑的结构安全。从下述内容可以了解到灌浆作业需要配备测温计,请思考为什么需要用测温计来监控温度。

装配式建筑的施工工具与现浇混凝土工程相比有很大的不同,除前述各类索具、吊具和机具等之外,还需要用到灌浆工具、地锚、千斤顶、调压器、空压机、模板、支撑、专用扳手、套筒扳手、电动扳手、卷尺、水平尺、侧墙固定器、转角固定器、水平拉杆、垫铁、钢楔、木楔以及各类螺栓、垫片、垫环等。这些工具应根据施工工艺要求、施工进度计划等配置,进场时必须根据设计图样和有关规范进行验收和保管。所有工具应根据预制构件形状、尺寸及重量等参数进行配置,并按照国家现行有关标准的规定进行设计、验算或试验检验,并经认定合格后方可投入使用。

3.4.1 灌浆工具

灌浆工具包括浆料搅拌工具,灌浆泵、灌浆枪和灌浆检验工具等。浆料搅拌工具包括砂浆搅拌机、搅拌桶、电子秤、测温计、计量计等,如图3.4.1所示。搅拌机可以采用手持式,也可以采用固定式;电子秤量程通常为30~50kg,精度约0.01kg,水的称量通常用量杯;由于灌浆料通常需要在30min内使用,因此一次搅拌量不宜过多,搅拌桶体积不宜过大,通常为30L左右;测温计用来根据灌浆工艺的需要监控环境温度和浆料温度。

灌浆工具
(教学视频)

(a) 浆料搅拌机　　(b) 电子秤　　(c) 搅拌桶　　(d) 测温计

图3.4.1 浆料搅拌工具

灌浆作业可以采用灌浆泵或灌浆枪，如图3.4.2所示。灌浆泵应至少配备2台，以防在灌浆作业阶段突发损坏影响灌浆作业进度和质量。

(a) 灌浆泵　　　　　　　　(b) 灌浆枪

图3.4.2　灌浆泵和灌浆枪

灌浆检验工具包括流动度截锥试模、带刻度钢化玻璃板、试块试模等。

3.4.2　模板和支撑

模板和支撑
（教学视频）

由于装配式建筑大量的构件进行了工厂化生产，因而大大降低了现场支模的需要。现场支模浇筑以节点为主，与传统浇筑相比对模板的要求也大为改变，突出了模板的拼装便捷性、表面平整度、刚度等要求。因此，装配式建筑施工中虽可以采用传统的木模板，但更适宜采用工具式模板和支撑，以实现标准化、模数化和体系化，提高工程效益。

1. 模板

目前，装配式建筑施工中常用的工具式模板有铝合金模板和大钢模等。

（1）铝合金模板。铝合金模板系统采用高强度铝合金制作而成，强度高、承载好，如图3.4.3所示。与传统模板相比，铝合金模板安装简单，现场无须借助机械，而且由其形成的建筑水平和垂直结构精确度高，混凝土表面平整度好，可达到饰面及清水效果。

（2）大钢模板。大钢模板是以钢为主要材料的大型模板，如图3.4.4所示。其单块模板面积较大，通常以一面现浇混凝土墙体为一块模板。采用工业化建筑施工的原理，以建筑物的开间、进深、层高尺寸为基础，进行定型化设计和制作，可以做到整支整拆、多次周转，实行工业化施工。

图3.4.3　铝合金模板

图3.4.4　大钢模板

2. 支撑

根据装配式建筑预制构件的安装特点，支撑体系可以分为竖向构件支撑体系和水平构件支撑体系两大类。

（1）竖向构件支撑体系。竖向构件支撑体系包括丝杆、螺套、支撑杆、手把和支座等部件，如图3.4.5所示。支撑杆两端焊有与内螺纹旋向相反的螺套，中间焊有手把，螺套旋合在丝杆无通孔的一端，丝杆端部设有防脱挡板；丝杆与支座耳板以高强螺栓连接；支座底部开有螺栓孔，在预制构件安装时用螺栓将其固定在预制构件的预埋螺母上。通过旋转手把带动支撑杆转动，上丝杆与下丝杆随着支撑杆的转动同时拉近或伸长，达到调节支撑长度的目的，进而调整预制竖向构件的垂直度和位移，满足预制构件安装施工的需要。

图3.4.5 竖向构件支撑及支撑方式示意图

（2）水平构件支撑体系。水平构件支撑体系主要包括早拆柱头、插管、套管、插销、调节螺母及摇杆等部件，如图3.4.6所示。套管底部焊接底板，底板上留有定位的4个螺钉孔；套管上部焊接外螺纹，在外螺纹表面套上带有内螺纹的调节螺母；插管上套插销后插入套管内，插管上配有插销孔，插管上部焊有中心开孔的顶板；早拆柱头由上部焊有U形板的丝杆、早拆托座、早拆螺母等部件组成；早拆柱头的丝杆坐于插管顶板中心孔中，通过选择合适的销孔插入插销，再用调节螺母来微调高度就可实现需求的支撑高度。

图3.4.6 水平构件支撑及支撑方式示意图

3.5 构件与材料的准备

> **想一想**
>
> 预制构件是装配式建筑的"积木块",其质量控制的重要性可想而知,通常在工厂化生产阶段即进行严格的质量控制和检查验收,如果业主对生产环节进行了严格的监控,并做好出厂检验,是否可以在不进行进场检验的情况下直接将构件运入现场进行吊装?

构件与材料的准备,首先根据施工预算、分部(项)工程施工方法和施工进度的安排,拟定材料、构(配)件及制品等的需要量计划。根据需要量计划,组织货源,确定加工、供应地点和供应方式,签订供应合同。根据各种需要量计划和合同,拟定运输计划和运输方案;按照施工总平面图的要求,组织构件和材料按计划时间进场,在指定地点,按规定方式进行储存或堆放。

3.5.1 构件的运输、进场检验和存放

1. 运输

(1)构件运输的注意事项。运输前应对装车方案和运输线路进行设计,运输线路上应无影响通行的限高、限重或急转等情况,如有车辆禁行的情况则应协调进行夜间运输,做好夜间行车安全。应根据吊装顺序进行装车,避免现场转运和查找。装车时避免超高超宽,做好配载平衡。采取防止构件移动或倾倒的固定措施,构件与车体或架子用封车带绑在一起;在构件有可能移动的空间用聚苯乙烯板或其他柔性材料隔垫,保证在车辆急转弯、急刹车、上坡、颠簸时,构件不移动、不倾倒、不磕碰。支承垫木的位置与堆放时保持一致,重叠堆放构件时,每层构件间的垫木或垫块应在同一垂直线上,预应力构件的堆放则应根据反拱影响采取措施。为防止构件在运输过程中出现滑动,宜在垫木上放置橡胶垫,如图3.5.1所示。有运输架子时,应保证架子的强度、刚度和稳定性,并保证与车体固定牢固。构件与构件之间要留出间隙,构件与车体或架子之间要有隔垫,以防止出现摩擦和磕碰。构件要有保护措施,特别是棱角部分和薄弱构件,如铝合金门窗等,如图3.5.2所示。装饰一体化和保温一体化的构件还应有防止污染措施。

构件的运输、进场检验和存放
(教学视频)

图3.5.1 垫木上设置橡胶垫防止滑动并起保护作用

图3.5.2 铝合金窗的成品保护

（2）不同构件的运输方式。预制外墙板宜采用竖直立放方式运输，预制梁、叠合楼板、阳台板、楼梯等宜采用水平运输，并正确选择支垫位置，如图3.5.3所示。

外形复杂墙板宜采用插放架或靠放架直立运输和堆放，插放架和靠放架应安全可靠。采用靠放架直立堆放的墙板宜对称靠放、饰面朝外，与竖向的倾斜角不宜大于10°。连接止水条、高低口、墙体转角等薄弱部位，应采用定型保护垫块或专用式附套件做加强保护。

叠合楼板可采用叠放方式，层与层之间应垫平、垫实，各层支垫应上下对齐，最下面一层支垫应通长设置，叠放层数不应大于6层。

图3.5.3 不同构件的运输方式

2. 进场检验

虽然预制构件在制作的过程中有监理人员驻厂检查，每个构件出厂前也会进行出厂检验，但是构件进入现场时仍必须进行质量检查验收。预制构件到达现场，现场监理员及施工单位质检员应对进入施工现场的构件以及构件配件进行检查验收，包括数量、规格、型号、检查质量证明文件或质量验收记录、外观质量检验等。若预制构件直接从车上吊装，则数量、规格、型号的核实和质量检验在车上进行，检验合格后可以直接吊装。若不直接吊装，而是将构件转入临时堆场，也应当在车上检验，一旦发现不合格，可直接运回工厂处理。

进场检验时应首先对构件的规格、型号和数量进行核实，将清单核实结果和发货单进行对照。如有误，要及时与工厂联系。如随车有构件的安装附件，也必须对照发货清单一并验收。对预制构件进行质量检验，分为主控项目和一般项目两类。

（1）主控项目。

① 预制构件结构性能通过检查结构性能检验报告或其他代表结构性能的质量证明文件进行按批检查，检验结果应符合设计和现行国家标准《混凝土结构工程施工质量验收规范》（GB 50204—2015）的有关规定。

②外观质量不应有严重缺陷，且不应有影响结构性能和安装、使用功能的尺寸偏差，应使用观察、尺量或检查处理记录等方法进行全数检查。

③预制构件表面预贴饰面砖、石材等饰面与混凝土的黏结性能通过检查拉拔强度检验报告进行逐批检查，检查结果应符合设计和现行有关标准的规定。

（2）一般项目。

①外观质量一般缺陷不应出现，通过观察或检查技术处理方案和处理记录进行全数检查，若存在一般缺陷应要求构件生产单位按技术处理方案进行处理，并重新检查验收。

②构件粗糙面的外观质量、键槽的外观质量和数量通过观察和量测进行全数检查，并应符合设计要求。

③表面预贴饰面砖、石材等饰面及装饰混凝土饰面的外观质量通过观察、轻击检查或样板比对按批检查，应符合设计要求或有关标准规定。

④预埋件、预留插筋、预留孔洞、预埋管线等规格、型号、数量通过观察、尺量或检查产品合格证，按批检查应符合设计要求。

⑤预制板类、墙板类、梁柱类构件外形尺寸偏差按照进场检验批，同一规格（品种）的构件每次抽检数量不应少于该规格（品种）数量的5%且不少于3件，应分别符合《装配式混凝土建筑技术标准》（GB/T 51231—2016）的规定。

⑥装饰构件的装饰外观尺寸偏差按照进场检验批，同一规格（品种）的构件每次抽检数量不应少于该规格（品种）数量的10%，且不少于5件，检验结果应符合设计要求，当设计无具体要求时，应符合《装配式混凝土建筑技术标准》（GB/T 51231—2016）的规定。

经检查合格后，应在预制构件上设置可靠标识，如图3.5.4和图3.5.5所示。质量不符合要求的，应及时处理。

图3.5.4　构件检查验收

图3.5.5 预制构件经检验后设置可靠标识

3. 存放

现场存放构件的场地通常较小,构件存放期间易被磕碰或污染。因此,应合理安排构件进场节奏,尽可能减少现场存放量和存放时间。构件堆放场的布置要求见3.1.3节相关内容。

构件的堆放必须根据设计图样要求的构件支承位置与方式进行支承,如果设计图样没有给出要求,应当请设计单位补联系单,原则上垫方垫块位置应与脱模、吊装时的吊点位置一致。存放构件的垫方垫块要坚固,其材质通常为木方、木板或混凝土垫块。可以多层码垛堆放,由设计人员根据构件的承载力计算确定层数,一般不超过6层,每层构件间的垫块上下必须对齐,并应采取防止堆垛倾覆的措施。当采取多点支垫时,一定要避免边缘支垫低于中间支垫而形成过长的悬臂,导致较大负弯矩而产生裂缝。

应按照产品品种、规格、型号、检验状态分类存放,产品标识应明确、耐久,预埋吊件应朝上,标识应向外。预制内外墙板、挂板宜采用专用支架直立存放,支架应有足够的强度和刚度,构件上部宜采用两点支承,下部应支垫稳固。薄弱构件、构件的薄弱部位和门窗洞口应采取防止变形开裂的临时加固措施;预制楼板、叠合板、阳台板和空调板等构件宜平放,叠放层数不宜超过6层,如图3.5.6所示;预制柱、梁等细长构件宜平放且用两条垫木支承。预应力构件长期存放时,应采取措施控制起拱值和叠合板翘曲变形;与清水混凝土面接触的垫块应采取防污染措施;预制构件成品外露保温板应采取防止开裂措施,外露钢筋应采取防弯折措施,外露预埋件和连接件等外露金属件应按不同环境类别进行防护或防腐、防锈;预埋螺栓孔宜采用海绵棒进行填塞,保证吊装前预埋螺栓孔的清洁;钢筋连接套筒、预埋孔洞应采取防止堵塞的临时封堵措施;冲洗完露骨料粗糙面后应对灌浆套筒的灌浆孔和出浆孔进行透光检查,并清理灌浆套筒内的杂物;冬期生产和存放的预制构件的非贯穿孔洞应采取措施防止雨雪水进入发生冻胀损坏。

墙板　　　　　　　　　　　　叠合板

楼梯　　　　　　　　　　　　阳台板

挑檐板　　　　　　　　　　　空调板

图3.5.6　不同预制构件的堆放

3.5.2　材料的准备

装配式建筑施工中所涉及的材料除混凝土、钢筋、钢材等常规材料之外，还需要各类连接材料、密封材料等。这些材料需根据施工进度计划和安装图样编制材料采购、进场计划等，进场时依据设计图样和有关规范进行检验，包括数量、规格、型号、合格证、化验单等，并依据不同材料的性能特点和要求进行保管。一般应单独保管，对于影响结构和功能的各类连接材料、密封材料（如灌浆料、密封胶）等，应在室内库房存放,避免受潮、受阳光直射。

对混凝土、钢筋、钢材等常规材料的要求与传统建筑中的要求基本一致,其各项性能应分别符合现行国家标准《混凝土结构设计规范(2015年版)》(GB 50010—2010)和《钢结构设计规范》(GB 50017—2003)的相应规定,此处不再展开。

开工前材料的准备(教学视频)

1. 连接材料

预制构件的连接技术是装配式结构关键的、核心的技术。其中,钢筋套筒灌浆连接接头技术是推荐的主要接头技术,也是形成各种装配整体式混凝土结构的重要基础,如图3.5.7和图3.5.8所示。

图3.5.7 钢筋套筒

图3.5.8 灌浆浆料

《装配式混凝土结构技术规程》(JGJ 1—2014)对连接材料的规定有:

(1)钢筋套筒灌浆连接接头采用的套筒应符合现行行业标准《钢筋连接用灌浆套筒》(JG/T 398—2012)的规定。

(2)钢筋套筒灌浆连接接头采用的灌浆料应符合现行行业标准

《钢筋连接用套筒灌浆料》（JG/T 408—2013）的规定。

（3）钢筋浆锚搭接连接接头应采用水泥基灌浆料，灌浆料的性能应满足表3.5.1的要求。

表3.5.1 钢筋浆锚搭接连接接头用灌浆材料性能要求

项目		性能指标	试验方法标准
泌水率/%		0	《普通混凝土拌合物性能试验方法标准》（GB/T 50080—2016）
流动度/mm	初始值	≥200	《水泥基灌浆材料应用技术规范》（GB/T 50448—2015）
	30min保留值	≥150	
竖向膨胀率/%	3h	≥0.02	
	2h与3h的膨胀率之差	0.02~0.5	
抗压强度/MPa	1d	≥35	
	3d	≥55	
	28d	≥80	
氯离子含量/%		≤0.06	《混凝土外加剂匀质性试验方法》（GB/T 8077—2012）

（4）钢筋锚固板的材料应符合现行行业标准《钢筋锚固板应用技术规程》（JGJ 256—2011）的规定。

（5）受力预埋件的锚板及锚筋材料应符合现行国家标准《混凝土结构设计规范（2015年版）》（GB 50010—2010）的有关规定。专用预埋件及连接件材料应符合国家现行有关标准的规定。

（6）连接用焊接材料，螺栓、锚栓和铆钉等紧固件的材料应符合国家现行标准《钢结构设计规范》（GB 50017—2003）、《钢结构焊接规范》（GB 50661—2011）和《钢筋焊接及验收规程》（JGJ 18—2012）等的规定。

（7）夹芯外墙板中内外叶墙板的拉结件应符合下列规定：

① 金属及非金属材料拉结件均应具有规定的承载力、变形和耐久性能，并应经过试验验证。

② 拉结件应满足夹芯外墙板的节能设计要求。

2. **防水密封材料**

由于装配式建筑将住宅建筑分成多个单元或构件，其中的主要构成部分（墙体、梁、柱、楼板以及楼梯等）均在工厂生产，然后运到工地，将预制混凝土构件在现场进行装配化施工建造，这样，预制构件之间必然存在接缝，接缝的防水就成为装配式建筑质量控制的关键因素之一。装配式建筑的防水主要包括外墙防水与屋面防水两大部分。屋面防水与传统建筑的屋面防水设计相似，主要的不同点是外墙防水设计，以下介绍外墙防水密封材料。

预制外墙缝的防水一般采用构件防水和材料防水相结合的双重防水措施，防水密封胶是外墙板缝防水的第一道防线，其性能直接关系到工程防水效果。

（1）防水密封材料的分类。防水密封材料根据不同的分类方式可以分为不同的种类。

① 根据产品成形方式的不同，密封胶可分为单组分和双组分两种。单组分胶是通过与空气中的水分发生反应进行固化的，固化过程由表面逐渐向深层进行，深层固化速度相对较慢，因此在施工过程中预制外墙板的位移较大，不宜选用单组分密封胶。

双组分胶有A、B两个组分，使用时需要将两个组分混合，在一定时间内将胶注入接缝部位。双组分胶需要使用混合机械设备，但其在固化过程中不需要与空气中的水分发生反应，深层固化速度快。

② 根据建筑密封胶基础聚合物化学成分的不同，密封胶可以分为聚硫胶、硅酮胶、聚氨酯胶、改性硅酮胶等。

a. 聚硫胶。聚硫胶是由二卤代烷与碱金属或碱土金属的多硫化物聚缩而得的合成橡胶。其有优异的耐油和耐溶剂性，但强度不高，耐老化性能不佳，目前，在中空玻璃合成过程中使用较多，在建筑用胶中有逐渐退出市场的趋势。

b. 硅酮胶。硅酮胶是以聚二甲基硅氧烷为主要原料，以端羟基硅氧烷聚合物和多官能硅氧烷交联剂为基础，添加填料、增塑剂、偶联剂、催化剂混合而成的膏状物，在室温下通过与空气中的水发生反应固化形成有弹性和黏结力的硅橡胶。虽然其目前的建筑市场占有较大的市场份额，但也有一些缺陷，如增塑剂存在污染性、耐水性能相对较弱等。

c. 聚氨酯胶。聚氨酯胶以聚氨酯橡胶及聚氨酯预聚体为主要成分，该类密封胶具有较高的拉伸强度，优良的弹性、耐磨性、耐油性和耐寒性；耐候性好，使用寿命可达10年。但是耐碱水性欠佳，不能长期耐热，浅色配方容易受紫外光老化。单组分胶储存稳定性受外界影响较大，高温热环境下可能产生气泡和裂纹，许多场合需要底涂。

d. 改性硅酮胶。改性硅酮胶，也称硅烷改性聚醚密封胶或硅烷改性聚氨酯胶，它是一种以端硅烷基聚醚（以聚醚为主链，两端用硅氧烷封端）为基础聚合物制备生产出来的密封胶。该类产品具有与混凝土板、石材等黏结效果良好、低污染性、使用寿命可在10年等特点。

硅烷改性聚氨酯胶，其以氨基硅烷偶联剂为基础，对以异氰酸酯基为端基的聚氨酯预聚体进行再封端，合成了一系列不同硅烷封端率的单组分湿固化聚氨酯，能实现聚氨酯和硅酮材料优点的良好结合。

几种主流产品性能对比如表3.5.2所示。

表3.5.2　几种主流产品性能对比

名称	简称	黏结性	弹性	耐候性	涂饰性
硅酮胶	SR	好	好	很好	差
聚氨酯胶	PS	好	好	普通	好
改性硅酮胶	MS	很好	好	好	好
硅烷改性聚氨酯胶	SPU	很好	好	很好	好

（2）密封材料性能构造要求。装配式建筑外墙密封胶应具有的性能构造要求有：

① 力学性能。由于混凝土板的接缝会因为温湿度变化、混凝土板收缩、建筑物的轻微震动或沉降等原因产生伸缩变形及位移运动，因而所用的密封胶必须具备一定的弹性，且能随着接缝的张合变形而自由伸缩以保持接缝密封；同时，为防止密封胶开裂以保证接缝具有安全可靠的黏结密封，密封胶的位移能力必须大于板缝的相对位移，经反复循环变形后还能保持并恢复原有性能和形状。

② 黏结性。市场上所用的外墙板大多数为混凝土板，因此需要接缝用密封材料对混凝土基材有很好的黏结性能。

③ 耐久性。耐久性主要是指密封胶耐老化性能，包括温湿度变化、紫外光照射和外界作用力等因素对密封胶寿命周期的影响。目前，还没有关于预制装配式建筑混凝土板接缝用密封胶耐久性的评价指标和测试方法标准，对此类密封胶耐久性能的评估主要通过紫外老化和热老化试验。

④ 低污染性。硅酮类密封胶中含有的硅油，易游离到由于静电原因而黏附在胶体表面的灰尘上，并且灰尘会随着降雨刮风扩散到黏结表面的四周。由于混凝土是多孔材料，极易受污染，会导致混凝土板缝的周边出现黑色带状的污染，并且污染物颜色会随着年限的增加更加明显，密封胶的污染性将严重影响到后期建筑外表面的美观。因此，用于预制装配式建筑混凝土板的接缝用密封胶必须具有低污染性。

⑤ 阻燃性。为防止和减少建筑火灾危害，对建筑材料的防火阻燃性能要求不断提高。接缝密封胶作为主要的密封材料也应具备一定的阻燃性能，使其在燃烧时少烟无毒、燃烧热值低，减慢火焰传播速度。

⑥ 低温适应性。在低温地区，密封材料还应该具备温度适应性及低温柔性。

3.6 其他准备工作

与现浇混凝土建筑相比，PC施工现场有些工种大幅度减少，如模板工、钢筋工、混凝土工等，有些工种作业内容也有所变化，如测量工、起重机驾驶员等，请思考PC工程还需要增加哪些新工种。

3.6.1 技术资料准备

组织现场施工人员熟悉、审查施工图纸和有关的设计资料,对构件型号、尺寸、埋件位置逐项检查核对,确保无遗漏、无错误,避免构件生产无法满足施工措施和建筑功能的要求。编制施工组织设计,其中构件模具生产顺序和构件加工顺序及构件装车顺序必须与现场吊装计划相对应,避免因为构件未加工或装车顺序错误影响现场施工进度。

开工前其他准备工作(教学视频)

在施工开始前由项目工程师召集各相关岗位人员汇总、讨论图纸问题。设计交底时,切实解决疑难和现场碰到的图纸施工矛盾,切实加强与建设单位、设计单位、预制构件加工制作单位、施工单位以及相关单位的联系,及时加强沟通与信息交流,要向施工人员做好技术交底,按照三级技术交底程序要求,逐级进行技术交底,特别是对不同技术工种的针对性交底,每次交底后要切实加强和落实。熟悉吊装顺序和各种指挥信号,准备好各种施工记录表格。

3.6.2 人员准备

在工程开工前组织好劳动力准备,建立拟建工程项目的领导机构,建立精干有经验的施工队组,集结施工力量、组织劳动力进场,同时建立健全各项管理制度。在施工前应对管理人员和吊装工人、灌浆作业等特殊工序的操作人员进行有针对性的技术交底和专项培训,明确工艺操作要点、工序以及施工操作过程中的安全要素。对于没有装配式结构施工经验的施工单位而言,应在样板间安装或其他试安装过程中,使管理人员和操作人员进一步熟悉管理规范,磨炼操作技能,掌握施工技术要点。

结构吊装阶段的劳动组织可参考表3.6.1,吊装用工示意如图3.6.1所示。

表3.6.1 结构吊装阶段的劳动组织参考

工种	人数	备注
吊装工	12	信号工(上、下)2人,拿撬棍3人,拿靠尺1人,操作台临时固定4人,查找板号2人
电焊工	6	焊预埋件、钢筋等5人,照顾焊把线及看火1人
混凝土工	8	浇灌板缝混凝土,墙板下铺灰,剔找预埋件,修补裂板
抹灰工	8	墙板、楼板找平,修补堆放区外墙板防水槽、台,插保温条、防水条,抹光拆模后的板缝混凝土,墙板楼板塞缝子
木工	4	支拆板缝模板、弹线
钢筋工	2	梳整板缝的锚环、钢筋,绑扎水平缝、阳台处钢筋

灌浆作业施工由若干班组组成，每组应不少于两人，一人负责注浆作业，一人负责调浆以及灌浆溢流孔封堵工作。

3.6.3 工艺准备

安装施工前，应核对已施工完成结构的混凝土强度、外观质量、尺寸偏差等是否符合现行国家标准《混凝土结构工程施工规范》（GB 50666—2011）和《装配式混凝土结构技术规程》（JGJ 1—2014）的有关规定。钢筋套筒灌浆前，应在现场模拟构件连接接头的灌浆方式，每种规格的钢筋应制作不少于3个套筒灌浆连接接头，进行灌注质量以及接头抗拉强度的检验，如图3.6.2所示；经检验合格后，方可进行灌浆作业。

图3.6.1 预制墙板吊装用工示意图
（信号工1人，吊装工4人）

安装施工前，应在预制构件和已完成的结构上测量放线，设置构件安装定位标识。应复核构件装配位置、节点连接构造及临时支撑方案等。应检查吊装设备及吊具处于安全操作状态。应核实现场环境、天气、道路状况等是否满足吊装施工要求。结构吊装前，宜选择有代表性的单元进行预制构件试安装，并应根据试安装结果及时调整完善施工方案和施工工艺。

图3.6.2 套筒钢筋连接件抗拉强度检验

3.6.4 季节性施工和安全措施准备

装配式混凝土结构安装工程通常是露天作业，冬季和雨季对施工生产的影响较大。为保证按期、保质地完成施工任务，必须做好冬季、雨季施工准备工作。冬季准备工作包括合理安排冬季施工项目；落实热源供应和保温材料的储存；做好测温、保温和防冻工作；加强安全教育，严防火灾发生。雨季施工准备工作包括防洪排涝，做好现场排水工作；做好雨季施工安排，尽量避免雨季窝工造成的损失；做好道路维护，保证运输通畅；做好预制构件、材料等物资的储存；做好机具设备等的防护；加强施工管理，做好雨季施工安全教育。

学习参考

建筑业未来用工模式探讨（来源：预制建筑网）

碧桂园、旭辉工地开放项目学习（来源：预制建筑网）

铝模板的标准化施工（来源：预制建筑网）

"建筑工人"现状的改变趋势（来源：预制建筑网）

了解预制运输车（来源：预制建筑网）

小　结

　　施工准备主要围绕施工组织要素中人员、材料、机械等开展。与现浇混凝土结构施工相比，装配式混凝土结构施工由于施工工艺有根本性的不同，需重点突出人员、预制构件和材料、设备和工具等的准备工作。

　　吊装作业是整个施工的关键环节，要做好施工平面布置工作，重点是处理好吊装机械的布置，理顺预制构件安装与预制构件运输、堆放的关系，同时也要规划好场内运输道路和运行线路，从而将生产要素有序地组织起来。人员准备主要强调对操作人员，特别是吊装工、灌浆工等与装配式结构施工质量和安全息息相关的人员的培训，使该部分人员形成质量意识和安全意识。预制构件准备的重点是其运输、进场和存放等准备工作，主要包括预制构件的装车运输方式、进场检验项目、存放方式和要求等内容。材料准备重点是装配式结构施工所特有的连接材料、密封材料，包括钢筋套筒、灌浆料、坐浆料等连接材料和密封胶等密封材料的准备。工具准备主要指构件吊装所用的各类索具、吊具、机具，以及灌浆工具、模板、临时支撑等专用工具的准备。

实践　施工平面图设计绘制

【实践目标】

1. 了解装配式建筑吊装机具特点。
2. 掌握装配式建筑施工场地布置。

【实践要求】

  1. 复习本模块内容。
  2. 遵守教师教学安排。
  3. 完成布置任务。

【实践资源】

  1. 广联达或品茗施工场地布置软件。
  2. 实训资料：

  （1）工程概况。某大厦由某建设单位投资兴建，设计单位为某建筑设计院，勘察单位为某工程地质勘察院，监理单位为某工程建设监理公司，施工单位为某建筑工程公司。本项目总建筑面积约为36700m^2。设计使用年限为50年。主体采用装配整体式剪力墙结构，地上共15层，其中地下及1~3层为现浇，4~15层为装配式，预制构件包括预制外墙板、叠合板、楼梯、空调板等，并通过现浇内墙、现浇外墙体的暗梁和暗柱、楼板，加大的现浇节点（边缘构件）连接成整体，使整个结构形成统一的受力体系。外墙保温采用外保温形式，饰面采用干挂石材、外墙涂料。

  本工程施工采用构件安装与现浇作业同步进行的方式，即预制墙板与现浇墙体同步施工，带飘窗预制外墙板、预制墙板安装后采用套筒灌浆连接方式，以保证钢筋以及墙板的受力性能，预制混凝土保温系统将根据外墙进行配合确定。安装后通过外墙现浇节点、内墙与楼板同时浇筑，充分形成整体构件。预制楼梯采用错层安装的方式完成结构施工。本工程加强对预制构件存放、吊装、安装、连接、现浇节点处理以及成品保护等各环节质量的严格控制。通过预制构件专用吊装、就位、安装等工器具的使用，使得结构施工便捷、质量可靠，提高劳动生产率，达到绿色施工要求。

  （2）主体结构阶段施工现场平面布置。

  ① 塔式起重机布置和选型。本工程配置2台塔式起重机，塔式起重机型号按照PC构件单件最大重量和卸货点、堆场位置、楼层作业面距塔式起重机的距离进行选择，根据PC构件详图，按照单件最大重量6t考虑，初步选定配置2台STT200塔式起重机，后根据PC构件终版图进行复核。

  针对本工程，影响塔式起重机选型的主要因素是预制构件的重量、预制构件的吊装位置以及周围环境（包括场地周边高压线等）等。根据PC构件详图，按照单件最大重量6t考虑，经综合考虑，本工程PC楼组织选用STT200型号塔式起重机，共计2台。建筑东北角布置STT200，臂长

45m，西南角布置STT200，臂长40m。

为了保证塔式起重机吊次能够满足现场要求，在布置时综合考虑塔式起重机臂长以及构件重量，对塔式起重机的吊装范围进行规定。塔式起重机基础采用预制桩桩基加钢筋混凝土承台，桩基采用钻孔灌注桩加型钢格构柱，承台尺寸为5000mm×5000mm×2000mm。

② 道路的布置。根据构件运输、存放和吊装作业的需要，设置环形临时道路，尽可能使用永久性道路。道路连接各构件堆场、材料仓库以及构件起吊作业区域。为满足大型构件运输车辆对道路宽度、转弯半径和荷载的要求，设置道路的宽度为4m，转弯处宽度适当加大。现场道路路面采用大型混凝土预制板，后期可以回收利用。道路两侧应设置排水沟。

③ 构件堆场设置。预制构件进场严格按照现场平面布置堆放构件，按计划码放在临时堆场上。预制墙板采用堆放架进行存放，堆放架底部垫2根100mm×100mm通长木方，中间隔板垫木要均匀对称排放8块小方木，做到上下对齐，垫平垫实。预制构件进场后必须按照就近起吊的原则进行堆放，堆放时核对预制构件数量、型号，保证预制构件就近堆放。预制构件堆放时，确保较重构件放在靠近塔式起重机一侧。

④ 材料仓库。数量较多、重量较大的各类结构材料，如水泥、砂石、钢筋等的堆场或仓库布置在塔式起重机服务范围内。其余材料，如连接材料、密封材料等仓库则不宜紧靠施工作业区，而是设置在场地的边缘。

⑤ 行政管理、生活、福利等临时设施的布置。工地出入口设置门卫和办公室。考虑到使用方便，不妨碍施工、安全防火等要求，宿舍、食堂、浴室、厕所等非生产性临时设施布置在远离施工作业区。

⑥ 水电管网的布置。施工供水、供电管网须经过计算、设计和配置。水源、电源选择从已建建筑区域接入，位置在门卫附近。

需要指出的是，建筑施工是一个复杂多变的生产过程，各种施工材料、构件、机械等随着工程的进展而逐渐进场，又随着工程的进展而不断消耗、变动，因此，在整个施工过程中，现场的实际布置情况是变动的。因此，对于大型工程、施工期限较长的工程或现场较为狭窄的工程，就需要按不同的施工阶段来分别布置几张施工平面图，以便能把不同阶段现场的合理布置情况全面反映出来。图3.S.1为某工程主体施工平面布置图。

图3.S.1 某工程主体施工平面布置图

【实践步骤】

1. 教师讲解本项目要点。
2. 学生绘制草图。
3. 学生上机操作。
4. 学生提交作业。
5. 教师总结。

【上交成果】　计算机要绘制作业一份。

习　题

1. 原则上塔式起重机应距离最重构件和吊装难度最大的构件最近，通常将塔式起重机布置在（　　）集中出现的部位较为适宜。

　A．外墙大板　　　　　　　　　　B．梯段板
　C．内墙板　　　　　　　　　　　D．叠合板

2. 与现浇混凝土结构相比，装配式混凝土结构施工现场布置需考虑的重点是（　　）。

　A．材料仓库　　　　　　　　　　B．模板堆场
　C．预制构件的运输与存放　　　　D．办公、生活区的设置

3. 施工现场道路宽度须保证大型构件运输车辆同时进出，道路宽度一般（　　）m。

　A．不小于2　　　　　　　　　　B．不大于6
　C．不小于8　　　　　　　　　　D．不小于4

4. （　　）不是在布置预制构件堆放区时需要考虑的因素。

　A．吊装机械的位置　　　　　　　B．运输车辆行驶路线
　C．吊装工艺　　　　　　　　　　D．临时用电线路

5. 可在不平整、泥泞的场地或略加处理的松软场地行驶和工作，操作灵活，使用方便，本身能回转360°，适用于起吊大、中型构件的起重机是（　　）。

　A．汽车式起重机　　　　　　　　B．履带式起重机
　C．轮胎式起重机　　　　　　　　D．随车起重机

6. 起重高度高，地面所占的空间较小，可自行升高，安装方便，需要增设附墙支撑，适宜用于高层建筑施工的起重机是（　　）。

　A．爬升式塔式起重机　　　　　　B．轨道式塔式起重机
　C．附着式塔式起重机　　　　　　D．大型龙门架

7. 下列部件中不属于吊具的是（　　）。

　A．钢丝绳　　　　　　　　　　　B．吊环
　C．卸扣　　　　　　　　　　　　D．横吊梁

8. 以下吊具可以使构件保持垂直，便于安装，又可以降低起吊高度，减少吊索的水平分力对构件的压力的是（　　）。

    A．卡环   B．吊索

    C．横吊梁   D．吊环

9. 钢筋套筒灌浆前，应在现场模拟构件连接接头的灌浆方式，每种规格钢筋应制作（　　）个套筒灌浆连接接头，进行灌注质量以及接头抗拉强度的检验。

    A．不少于3   B．5

    C．不少于2   D．1

10. 以下预制构件需采取靠放的堆放方式的是（　　）。

    A．叠合板   B．楼梯

    C．阳台   D．外墙板

11. 关于预制构件的堆放，以下说法错误的是（　　）。

    A．垫木的位置宜与脱模时的起吊位置一致

    B．垫木的位置宜与吊装时的起吊位置一致

    C．重叠堆放构件时，每层构件间的垫木应在同一垂直线上

    D．垫木的位置应放置在构件的适当位置，既不要太靠里也不要太靠外

12. 可在各类公路上通行无阻，转移方便，在工作状态下必须放下支腿，不能负荷行驶，适用于临时分散的工地以及物料装卸、零星吊装和需要快速进场的吊装作业的起重机是（　　）。

    A．履带式起重机   B．汽车式起重机

    C．轮胎式起重机   D．塔式起重机

模块 4 装配整体式结构工程施工

教学PPT

知识目标

1. 了解装配整体式结构工程的施工工艺流程。
2. 掌握构件安装方法、钢筋套筒灌浆技术、混凝土浇筑施工工艺、管线预留预埋。
3. 熟悉结构安装质量控制注意事项。

能力目标

1. 能够在现场进行装配式建筑测量定位、构件安装、钢筋套筒灌浆、混凝土浇筑、管线预留预埋。
2. 学会控制并确保结构安装质量措施,满足设计及施工要求。

知识导引

在模块3中,我们学会了如何使用机械设备,如何组织安排各工种人力,如何协调各种配合关系。而做好了施工准备工作,如何发挥装配式混凝土结构的优势,克服装配式结构的弱点,满足建筑安全、舒适等要求,将是装配整体式结构工程施工技术的研究及其突破关键所在。借鉴国内外的工程案例以及相关规程,学习装配整体式结构工程如何进行施工,将独立的构件进行安装并连接形成一个可靠的结构整体。

按照装配化的程度可将装配式建筑分为半装配式建筑和全装配式建筑两大类。按照预制构件承载特点分为装配整体式框架结构、装配整体式剪力墙结构和装配整体式框架剪力墙结构三大类。装配整体式混凝土结构体系的选择可根据具体工程的高度、平面、体型、抗震等级、设防烈度及功能特点来确定。随着各方面的研究及施工技术越来越成熟,装配式建筑的高度、装配率等在各个结构体系中将会不断有新的突破。

4.1 施工流程

想一想

如图4.1.1所示，装配式混凝土结构由哪些构件组成？而如何在有效的时间、有限的空间里将这些构件组成一个整体并满足建筑设计要求呢？

图4.1.1 个体建筑组成

装配整体式框架
结构施工流程
（教学视频）

4.1.1 装配整体式框架结构的施工流程

装配整体式框架结构（图4.1.2）是以预制柱（或现浇柱）、叠合梁、叠合板、楼梯、阳台为主要预制构件，并通过叠合板的现浇以及节点部位的后浇混凝土连接梁、板、柱以形成整体的混凝土结构。

图4.1.2 装配整体式框架结构

装配整体式框架结构的施工流程如图4.1.3所示。如混凝土柱采用现浇，其施工流程如图4.1.4所示。

图4.1.3　装配整体式框架结构的施工流程

图4.1.4　现浇混凝土柱施工流程

4.1.2　装配整体式剪力墙结构的施工流程

装配整体式剪力墙结构由预制剪力墙（或现浇剪力墙）和叠合楼板、外墙板、楼梯、阳台等构件组成，采用工厂化生产，运至施工现场后，通过现浇混凝土剪力墙和叠合楼板将外墙板、楼梯、阳台等连接形成整体，其连接节点通过后浇混凝土结合，水平向钢筋通过机械连接或其他方式连接，竖向钢筋通过钢筋灌浆套筒连接或其他方式连接，如图4.1.5所示。

装配整体式剪力墙结构施工流程（教学视频）

图4.1.5　装配整体式剪力墙结构
（PCF指预制装配式外墙板）

装配整体式剪力墙结构的施工流程如图4.1.6所示。如采用现浇剪力墙，其施工流程如图4.1.7所示。

图4.1.6　装配整体式剪力墙结构施工流程

图4.1.7　装配整体式现浇剪力墙结构施工流程

4.1.3　装配整体式框架剪力墙结构的施工流程

装配整体式框架剪力墙结构施工流程（教学视频）

装配整体式框架剪力墙结构是以预制柱（或现浇柱）、叠合梁、预制剪力墙（或现浇剪力墙）、叠合板、楼梯、阳台为主要预制构件，并通过叠合板的现浇以及节点部位的后浇混凝土连接梁、板、柱以形成整体，或者通过现浇剪力墙和叠合楼板连接预制构件形成整体的混凝土结构。

关于装配整体式框架现浇剪力墙结构的施工流程，可参照装配整体式框架结构和现浇剪力墙结构施工流程。

4.2 构件放样定位

> **想一想**
> 目前，我国有哪些代表性的装配整体式混凝土结构建筑？而它们是如何保证预制构件更快、更精确地吊装到设计位置并进行安装，成为装配式建筑典范的？

外控线、楼层主控线、楼层轴线、构件边线等放样定位流程如图4.2.1所示。

图4.2.1 轴线定位流程图

构件放样定位（教学视频）

具体操作如下：

（1）根据建设方提供的规划红线图采用全球定位系统（Global Positioning System，GPS）定位仪将建筑物的4个角点投设到施工作业场地，打入定位桩，将控制桩延长至安全可靠位置，作为主轴线定位桩位置（注意将其保护好），如图4.2.2所示。

图4.2.2 定位桩位置

（2）采用"内控法"放线，待基础完成后，使用经纬仪通过轴线控制桩在±0.00上放出各个轴线控制标记（图4.2.3），连接标记弹设墨线（图4.2.4）形成轴线，依次放出其他轴线。

（3）通过轴线弹出1m控制线，选择某个控制线相交点作为基准点（基准点埋设采用15cm×15cm×8cm钢板制作，用钢针刻画出"十"字线），以方便下一个楼层轴线定位桩引测，如图4.2.5所示。

（4）浇筑混凝土时，预留控制线引测孔（图4.2.6），底层放置垂准仪，调整激光束得到最小光斑，移动接收靶，使接收靶的"十"字焦点移至激光斑点上（图4.2.7），在预留孔的另一处放置垂准仪和接收靶，用经纬仪找准接收靶上激光斑点，然后弹出1m控制线，重复上述操作弹出剩余控制线，根据控制线弹出墙板轴线、墙板边线及200mm控制线（图4.2.8）。

图4.2.3 轴线控制标记放线

图4.2.4 弹设墨线

图4.2.5 基准点埋设

图4.2.6 控制线引测孔

图4.2.7 调整激光束

图4.2.8 墙板轴线、墙板边线及200mm控制线

需要注意的是控制边线依次弹出以下各项。
① 外墙板：墙板定位轴线和内轮廓线。
② 内墙板：墙板两侧定位轴线和轮廓线（图4.2.9）。
③ 叠合梁：梁底标高控制线（在柱上弹出梁边控制线）。
④ 预制柱：中柱以轴线和外轮廓线为准，边柱和角柱以外轮廓线为准。
⑤ 叠合板、阳台板：四周定位点，由墙面宽度控制点定出。

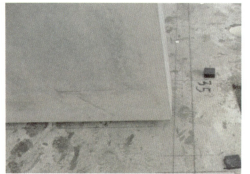

图4.2.9 内墙板弹线

（5）轴线放线偏差不得超过2mm，当放线遇有连续偏差时，应考虑从建筑物一条轴线向两侧调整，即原则上以中心线控制位置，误差由两边分摊。

（6）标高点布置位置需有专项方案，标高点应有专人复核。根据标高点布置位置使用经纬仪进行测量，要求一次测量到位。预制柱和剪力墙板等竖向构件安装，首先确定支垫标高：若支垫采用螺栓方式，旋转螺栓到设计标高；若采用钢垫板方式，准备不同厚度的垫板调整到设计高度，而叠合楼板、叠合梁、阳台板等水平构件则测量控制下部构件支撑部位的顶面标高，构件安装好后再测量调整其预制构件的顶面标高和平整度。其中，测量楼层标高点偏差不得超过3mm。

4.3 受力构件安装

> **想一想**
>
> 吊装时，由于预制构件重量及体型较大，应注意哪些安全事项来确保个人的安全以及构件的完整性？

4.3.1 预制柱安装

预制框架柱吊装施工流程如图4.3.1所示。

图4.3.1　预制框架柱吊装施工流程

预制柱安装
（教学视频）

具体操作如下：

安装前，首先检查预制柱进场的尺寸、规格及混凝土的强度是否符合设计和规范要求；检查柱上预留套管及预留钢筋是否满足图纸要求；检查套管内是否有杂物，若有杂物，则以高压空气清理柱套筒内部，不能用水清理（图4.3.2）。同时做好记录，并与现场预留套管的检查记录进行核对，无问题方可进行吊装。吊装顺序宜按照角柱、边柱、中柱顺序进行，与现浇部分连接的柱宜先行吊装。

图4.3.2　清洁柱套筒

放线：根据预制柱平面各轴的控制线进行柱边线放样［图4.3.3（a）］。然后，测高程与安置垫片［图4.3.3（b）］，灌浆后的柱头高程，误差须控制在5～10mm之间，预留柱筋高度须控制在10mm以内，垫片先放置于柱位靠中央侧约0.25b（b为柱宽度）的位置［图4.3.3（b）］。以样板绘制柱头梁位线：以柱顶梁位线样板作工具［图4.3.3（c）］，并用奇异笔绘制梁位线［图4.3.3（d）］。

安装吊具：使用专用吊环和预制柱上预埋的接驳器连接。

吊装：以软性垫片置于预制柱底部，作为翻转时柱底与地面的隔离，起吊离地后停顿15s，以确认吊点强度是否足够，同时锁上柱朝下面的斜撑底座［图4.3.3（e）］。

调整就位：将构件下口预留孔（套筒孔）与预留钢筋进行相互的插入，然后以轴线和外轮廓线为控制线，用撬棍等工具对柱的根部就位进行确定。对于边柱和角柱，应以外轮廓线控制为准［图4.3.3（f）］。

安装斜支撑：柱斜撑固定座及柱头角钢固定座（视设计需要）锁固，斜撑固定座的扣环须朝下方对正，每根柱至少须锁紧3组斜撑固定座。柱的上部斜支撑，其支撑点距板底的距离不宜小于柱高度的2/3，且不应小于柱高度的1/2，施工时应注意斜撑两端有螺纹处须锁紧。除角柱锁紧两支斜撑外，其余须锁紧3组斜撑。

校正：使用防风型垂直尺［图4.3.3（g）］量测偏差值，并以柱斜撑调整垂直度［图4.3.3（h）］，调整至合乎规范要求为止，待柱垂直度调整后，再于4个角落放置垫片。或者用经纬仪控制垂直度，若有少许偏差运用千斤顶等进行调整。其柱地面或者顶面标高偏差控制于±5mm之内；其柱的垂直度偏差与高度有关，一般柱高小于5m时，其偏差控制于5mm之内。

摘钩：应以符合上下设备规范的工具实施，并应实行协同作业以确保人员安全，长柱吊装应用半自动脱钩吊具，减少作业人员爬上摘钩次数［图4.3.3（i）］。

模块4　装配整体式结构工程施工

(a) 柱边线放样

(b) 安置垫片

(c) 梁位线亚克力样板　　　　　　　　(d) 绘制梁位线

(e) 起吊

(f) 调整

(g) 防风型垂直尺细部

(h) 防风型垂直尺量测垂直度

(i) 摘钩

图4.3.3　预制框架柱吊装施工现场

095

> **知识拓展**
>
> 柱筋的精确定位：对于预埋于现浇结构内的柱筋，可采用蜡烛台、格网箍及定位木板局部控制柱筋在预制柱内的平面位置，同时通过钢琴线来控制预制柱总体平面位置。格网箍设置原则为柱混凝土浇筑时须设置上下两道格网箍，对于主筋定位，如柱基础分二次浇筑，即需要安放三道格网箍（图4.3.4）。
>
>
>
> (a) 蜡烛台　　　　　　　　　　(b) 格网箍
>
> 图4.3.4　钢筋定位示意图

4.3.2　预制梁安装

预制梁吊装施工流程如图4.3.5所示，预制梁吊装施工现场图如图4.3.6所示。

图4.3.5　预制梁吊装施工流程

预制梁安装（教学视频）

具体操作如下：

放线：测出柱顶与梁底标高误差，在柱上弹出梁边控制线。应注意的是需在构件上标明每个构件所属的吊装顺序和编号，以便于吊装工人辨认。

设置支撑：梁底支撑采用立杆支撑＋可调顶托＋100mm×100mm木方，预制梁的标高通过支撑体系的顶丝来调节。

安装吊具：一般采用两点吊装，将平衡梁、吊索移至构件上方，两侧分别设1人挂钩，将吊钩与预制梁吊环连接，吊索水平夹角不宜小于60°，且不应小于45°。预制梁于起吊前须在地面安装好安全母索，四周边大梁与地面事先安装刚性安全栏杆。安装预制梁时工作人员应以安全带钩住柱头钢筋或安全处。

起吊：应先将构件吊离地面200～300mm后停止起吊，检查起重机的稳定性、制动装置的可靠性、构件的平衡性和绑扎的牢固性等，待

(a) 设置支撑　　　　　　　　(b) 在地面先装好边梁安全栏杆

(c) 梁以牵引绳牵引方向　　　　(d) 支撑架上部小型钢撑紧

图4.3.6　预制梁吊装施工现场图

确认安全无误后，方可继续起吊。

就位：以牵引绳牵引方向，慢慢转动吊臂，向指定位置移动，注意控制梁移动中的平稳度，将梁吊至柱钢筋上方，调整梁的空中位置和平稳度，对准柱上方，缓慢将梁放下，梁下放过程中，不断调整柱钢筋位置，使柱钢筋刚好穿过梁端连接件（柱与梁连接件：槽钢和钢绞线），下放过程中，不断调整连接件的位置，使连接件压入相应位置。

校正：当梁初步就位后，借助柱头上的梁定位线将梁精确校正，在调平的同时将下部可调支撑上紧。控制梁底标高线，偏差应小于5mm。控制梁端位置线，偏差应小于5mm。梁端应锚入柱中、剪力墙中15mm。主梁吊装结束后，根据柱上已放出的梁边和梁端控制线检查主梁上的次梁缺口位置是否正确，如不正确，做相应处理后方可吊装次梁，梁在吊装过程中要按柱对称吊装（安装顺序宜遵循先主梁后次梁、先低后高的原则）。

摘钩：先撑紧支撑，安全牢固后方能松开钩头。

4.3.3 预制墙板安装

预制墙板安装工艺流程如图4.3.7所示，预制墙板吊装如图4.3.8所示。

预制墙板安装（教学视频）

图4.3.7 预制墙板安装工艺流程

(a) 起吊

(b) 吊装中

(c) 就位

(d) 固定

(e) 连接

图4.3.8 预制墙板吊装图

放线：楼面混凝土达到强度后，弹出预制墙板墙身线及200mm控制线，用水准仪测量墙板底部水平。

钢筋校正：根据预制墙板定位线，使用钢筋定位框检查预留钢筋位置是否准确，偏位的及时调整。连接钢筋偏离套筒或孔洞中心线不宜超过2mm。严禁随意切割、强行调整。

垫片找平：用水准仪测量墙板底部水平，根据数值在预制内墙板吊装面位置下放置垫片。

吊装预制墙板：根据构件形式及质量选择合适的吊具，一般采用两点吊装，超过4个吊点的应采用加钢梁吊装。将平衡梁、吊索移至构件上方，两侧分别设1人挂钩，采用爬梯进行登高操作，将吊钩与墙体吊环连接，吊索水平夹角不宜小于60°，且不应小于45°，在墙板下方两侧伸出箍筋的位置安装引导绳。当塔式起重机把墙板吊离地面时，须检查构件是否水平、各吊钩的受力情况是否均匀，确保构件达到水平，待各吊钩受力均匀后方可起吊至施工位置。因而开始起吊时，应先将构件吊离地面200~300mm后停止起吊，检查起重机的稳定性、制动装置的可靠性、构件的平衡性和绑扎的牢固性等，待确认安全无误后，方可继续起吊。已吊起的构件不能长久停滞在空中。

预制墙板就位：预制墙板吊运至施工楼层，在距离安装位置一定高度时，停止构件下降，检查墙板的正反面是否和图纸正反面一致，检查地上所标示的垫块厚度与位置是否与实际相符，构件下降距楼面200~300mm时略做停顿。安装工人对着预制墙板定位线扶稳墙板，通过引导绳摆正构件位置，不能通过引导绳强行水平移动构件，只能控制其旋转方向，使有预留孔的一面对准楼面有预埋件一侧，平稳吊至安装位置上方80~100mm时，墙板两端施工人员扶住墙板，缓慢降低墙板位置，落地时预留连接孔与地面预留插筋对齐（允许偏差值为5mm）。通过小镜子检查墙板下口套筒与连接钢筋位置是否正对，检查合格后缓慢落钩，使墙板落至找平垫片上。根据楼面所放出的墙板侧边线、端线、垫块、墙板下端的连接件使墙板就位。

安装斜支撑：预制墙板就位后及时安装斜支撑，安装时采用先上后下的顺序，先在墙板上安装长斜支撑，两人扶杆，用电动扳手紧固墙面螺栓，再在地面上安装长斜支撑，然后安装短支撑。斜支撑的水平投影应与墙板垂直且不能影响其他墙板的安装，用底部连接件将墙板与楼面连成一体。

预制墙板校正：支撑安装后，释放吊钩。以一根调整垂直度为准，待校准完毕后紧固另一根，不可两根均在紧固状态下进行调整。调整下口短支撑以调整墙板位置，调整上口长支撑以调整墙板垂直度，采用靠尺测量垂直度（图4.3.9）与相邻墙板的平整度。在调整垂直度时，同一构件上的斜支撑调节件应向同一方向旋转，以防构件受扭。如遇支撑旋转不动时，应查找出问题后再处理，严禁用蛮力旋转，图4.3.10所示为斜支撑垂直度调整。根据标高调整横缝，横缝不平会直接影响竖向缝垂直；竖缝宽度可根据墙板端线控制，或是用一块宽度合适（根据竖缝宽定）的垫块放置在相邻板端进行控制。其墙地面或者顶面标高偏差须控制在±5mm之内；其墙的垂直度偏差与高度有关，一般墙高小于5m时，其偏差控制于5mm之内；其未抹灰预制墙的平整度偏差控制在±5mm之内（抹灰预制墙的平整度偏差控制在3mm之内）。

图4.3.9　垂直度检验

(a)斜支撑底端详图　　　　　(b)斜支撑顶端详图1　　　　　(c)斜支撑顶端详图2

图4.3.10　斜支撑垂直度调整

摘钩：斜支撑安装完成且调整固定后，通过爬梯登高取钩，同时将引导绳迅速挂在吊钩上。

目前，部分工程还采用了预制装配式叠合板式混凝土剪力墙结构体系。叠合板式混凝土剪力墙结构是从欧洲引进的一种新型装配式建筑结构，全部或部分剪力墙采用叠合剪力墙（图4.3.11），全部或部分楼板采用叠合楼板，通过可靠的方式连接，并与现场后浇混凝土形成整体受力的混凝土结构。其施工过程主要控制点是检查调整墙体竖向预留钢筋，固定墙板位置控制方木，测量放置水平标高控制垫块、坐浆、墙板吊装就位,安装固定墙板支撑,水电管线连接,安装附加钢筋,现浇加强部位钢筋绑扎,现浇加强部位支模。其中,吊装墙板竖向钢筋预留位置的偏差应比两片墙板中间净空尺寸小20mm,两片外墙中间现浇部分钢筋应绑扎牢固,并与两片墙体连接牢固,满足设计要求。

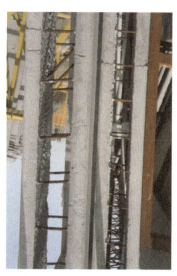

图4.3.11 叠合板式混凝土剪力墙

知识拓展

为保证浇筑混凝土时预制墙板受力的整体性,预制墙板之间采用专用的连接件进行固定。连接件有两种形式,即转角型和平面型,连接件采用6mm厚钢板制成,开长圆孔,方便进行微调(图4.3.12)。每块板设置4个连接件,通过连接件将预制板临时固定,确保预制板接缝平整度、垂直度满足要求。安装连接件时需注意紧固螺栓不宜拧得太紧,以免造成相邻板面接缝错位,影响墙面平整度,之后用电焊焊实,避免浇筑混凝土时因连接件位移产生外挂板变形。

图4.3.12 连接件示意

4.3.4 叠合板安装

叠合板安装工艺流程如图4.3.13所示，叠合板现场吊装如图4.3.14所示。

叠合楼板安装
（教学视频）

图4.3.13　叠合板安装工艺流程

(a) 挂钩

(b) 起吊

(c) 就位与调整

图4.3.14　叠合板现场吊装

具体操作流程如下：

放线：根据支撑平面布置图，在楼面画出支撑点位置，根据顶板平面布置图，在墙顶端弹出叠合板边缘位置垂直线。

垫密封泡沫条：叠合板与墙体搭接处垫泡沫条。

支撑搭设：根据楼面画出的支撑定位点，安装独立钢支撑。独立支撑系统由立杆、顶托、三脚架、木工字梁及独立顶托构成（图4.3.15）。搭设支撑架宜采用独立支撑体系或轮式脚手架，搭设时，立杆间距不宜过大，木工字梁两端及木工字梁搭接位置应用带三脚支撑立杆，工字梁中间位置用带独立顶托的支撑立杆，三脚架应展开到位以保证支撑立杆的稳定性。用水准仪控制支撑架顶部的高程，控制其高程值小于叠合梁梁底高程2cm。采用轮口式的立杆与立杆之间必须设置一道或一道以上双向连接杆。立管上端设置顶托，顶托上放置木方（木方应平整顺直且具有一定刚度），木方与顶托用铁丝绑扎牢固，木方铺设方向应与叠合板拼缝垂直。工字木或木方铺设完成后应对板底标高进行精确定位，通过调节支撑杆、顶撑螺纹套或顶托使全部木方处于同一水平面上，其标高等同板底标高（当未设置木方时），则顶托标高等同板底标高，如图4.3.15所示。或者安装铝合金梁，独立支撑安装完成后，将铝合金梁平搁在支撑顶端插架内，铝合金梁伸出支撑两端距离相等。调节支撑使铝合金梁上口标高至叠合板板底标高，如图4.3.16所示。

挂钩：用带锁扣的挂钩钩住叠合楼板桁架筋，挂钩吊点位置按设计图纸挂4个点，一般位于构件的0.2～0.25L处，应确保各吊点均匀受力。

起吊：起钩使吊索绷直受力，停止起钩，检查挂钩是否与钢筋连接，并在两个对角安装引导绳，随后平稳起吊，将叠合板吊运至安装位置。根据平面布置图和事先编好的吊装顺序将相应规格的叠合板吊装至楼面，落在铝合金梁上。

(a)独立钢支撑系统铺设1

(b)独立钢支撑系统铺设2

图4.3.15 独立钢支撑系统铺设

图4.3.16 叠合板吊装至楼面俯视图

就位与调整：叠合板吊装至吊装面上1.5m高时，调整叠合板平整度，一定要注意按箭头方向落位，同时观察楼板预留孔洞与水电图纸的相对位置。检查无误后，缓慢下落，拉扯引导绳调整叠合板方位，抓住叠合板桁架钢筋固定叠合板，在至吊装面上10cm高时参照模板边缘校准落下。需根据墙面弹出的叠合板边线，使用直尺配合撬棍调整叠合板位置，根据板底1m线检查叠合板标高。叠合板拼缝宽度、板底拼缝高低差须小于3mm。轴线偏差允许值为±5mm，相邻板间表面高低差控制在±2mm。

摘钩：当板下有支撑时，应先撑紧支撑，方能松钩头。取下钩子，手扶钩子缓慢起吊钩，防止钩子钩挂叠合板上的钢筋。

安全防护架搭设：邻边的叠合板吊装完成一块时，应立即将此处邻边防护安装好。安装外围叠合楼板时，应注意操作人员必须系好安全带。

知识拓展

装配式楼板支模架体系有键槽式连接钢管承重支撑系统、独立支撑系统和轮口式支撑系统。键槽式连接钢管承重支架是一种新型的便捷式支撑架，它成功地弥补了传统扣件式模板支架的不足。图4.3.17为架体支撑示意图。

图4.3.17 架体支撑

4.3.5 阳台板与空调板安装

预制阳台板、空调板安装施工流程如图4.3.18所示,预制空调板现场安装施工过程如图4.3.19所示。

图4.3.18 预制阳台板、空调板安装施工流程

阳台板与空调板安装(教学视频)

具体操作流程如下:

放线:每块预制构件吊装前测量并弹出相应周边(隔板、梁、柱)控制线。

安装临时支撑:安装人员系好安全带,搭设支撑排架,临时排架与建筑内部排架相连(排架顶端可以调节高度)。其中板底支撑采用"钢管脚手架+可调顶托+100mm×100mm木方",顶托上木枋截面不应翘曲,与构件接触面应平整光滑,木枋应与顶托有可靠连接,确保构件微调时不脱落。板吊装前应检查是否有可调支撑高出设计标高,校对预制梁及隔板之间的尺寸是否有偏差,并做相应调整。

粘贴聚乙烯泡沫条:在空调板安装槽内左、右、下三侧粘贴好聚乙烯泡沫条。

起吊:使用专用吊环连接阳台板、空调板上预埋的接驳螺钉(起吊前空调板栏杆在地面焊接好后用砂浆抹平养护好)。

就位、调整、固定:空调板吊起至1.5m高度处,调整位置,锚固钢筋向内侧,使锚固筋与已完成结构预留筋错开,便于就位,构件边线基本与控制线吻合。预制构件吊至设计位置上方3~6cm后,抓住锚

固钢筋固定空调板，空调板缓慢落下，将空调板引至安装槽内，空调板有锚固筋一侧与预制外墙板内侧对齐，使空调板预埋连接孔与空调竖向连接板对齐，然后安装空调板竖向连接板的连接锚栓，并拧紧牢靠。根据板周边线、隔板上弹出的标高控制线对板标高及位置进行精确调整，使用水平尺测量水平，通过调节油托配合水平尺确定空调板安装高度和水平，误差控制在±5mm以内。通常，阳台板底标高比室内叠合板底标高低50mm，阳台板支承于外墙板上60mm。

摘钩：螺栓连接好并检查无误后，拆除专用吊具。

(a) 起吊

(b) 调整位置——锚固钢筋向内侧

(c) 空调板有锚固筋一侧与预制外墙板内侧对齐　　(d) 安装空调板竖向连接板的连接锚栓

图4.3.19　预制空调板现场安装施工过程

(e) 调整

图4.3.19（续）

4.3.6 预制楼梯板安装

预制楼梯安装施工流程如图4.3.20所示，预制楼梯现场吊装如图4.3.21所示。

预制楼梯板安装
（教学视频）

图4.3.20 预制楼梯安装施工流程

(a) 挂钩

(b) 调整梯段姿态

(c) 就位

图4.3.21 预制楼梯现场吊装

(d) 调整

图4.3.21（续）

具体操作流程如下：

放线：楼梯间周边梁板安放后，测量并弹出相应楼梯构件端部和侧边的控制线。

放置垫片：根据预制楼梯梯段的高度测量楼梯梁现浇面水平，根据设计高度和测量结果放置不同厚度的垫片（每个梯段共计4块垫片），标高允许偏差值为±5mm。

安装支撑：同叠合楼板。

挂钩：吊装采用4点起吊，使用专用吊环和预制楼梯上预埋的接驳器连接，同时使用钢扁担、钢丝绳和吊环配合楼梯吊装。

起吊：调整索具铁链长度，使楼梯段休息平台处于水平位置，试吊预制楼梯板，检查吊点位置是否准确、吊索受力是否均匀等。试起吊高度不应超过1m。

就位、调整：吊装至1.5m高时，调整梯段平整度，使梯段上下端平行于梯梁，使吊装楼梯缓慢落在楼梯吊装控制线内（轴线位置偏差为±5mm），当楼梯吊至梁上方30~50cm后，调整楼梯位置使上下平台锚固筋与梁箍筋错开，板边线基本与控制线吻合。在吊装楼梯到吊装面5~10cm高度时，根据已放出的楼梯控制线，用撬棍和直尺配合将构件根据控制线精确就位，先保证楼梯两侧准确就位，再使用水平尺和拉伸葫芦倒链调节楼梯水平。吊装就位后，重点检查板缝宽度及板底拼缝高差。若高差较大，必须调节顶托使高低差在允许范围以内。调节支撑板就位后调节支撑立杆，确保所有立杆全部受力。

摘钩：检查牢固后方可拆除夹具（梯段吊装前，休息平台板必须安装调节完成，因为平台板需承担部分梯段荷载，所以下部支撑必须牢固并形成整体）。

知识拓展

由于预制构件体型较大以及施工空间的局限性等因素,保证施工安全尤为重要。在施工过程中,为确保安全,应注意以下事项:

(1)装配式建筑施工前,宜选择有代表性的单元进行预制构件试安装,并应根据试安装结果及时调整施工工艺、完善施工方案。吊装前应仔细检查吊具、吊点与吊耳是否正常,若有异物充填吊点应立即清理干净。螺钉必须能深入吊点内3cm以上(或依设计值而定)。

(2)起吊瞬间应停顿15s,测试吊具与吊车之能率,并求得构件平衡性,方可开始往上加速爬升,构件必须加挂牵引绳,以利作业人员拉引、控制构件转动。

(3)夜间施工时,应防止光污染对周边居民的影响。

(4)遇到雨、雪、雾天气,或者风力大于6级时,不得进行吊装作业。

(5)构件吊装时,构件底部应"净空",不得站人。

(6)在叠合梁板就位后,立即在建筑物外侧临边搭设围护栏杆并满挂安全网,在外墙板吊装前拆除(但应按照实际吊装顺序,在安装前拆除就位处外围临边防护,不可提前拆除,更不可一次性拆除全部外临边防护栏杆)。栏杆采用三杆水平杆,下用可调式夹具坚固在建筑构件上,立杆间距不大于2m。施工现场围护、阳台安全挂网实景如图4.3.22所示。阳台处临边防护栏杆须待图纸上设计的建筑栏杆施工到该部位时方可拆除,不可提前拆除,更不可一次性拆除多层。电梯井道及电梯门处的防护应随施工进度及时进行封闭。

图4.3.22 施工现场围护、阳台安全挂网实景

4.4 外挂墙板安装

4.4.1 安装施工

外挂墙板安装
（教学视频）

外挂墙板安装施工流程如图4.4.1所示，现场吊装如图4.4.2所示。

吊装顺序：预制构件应按照施工方案吊装顺序预先编号，然后严格按照编号顺序起吊。每层外挂墙板的吊装应沿着外立面顺时针方向逐块吊装，不得混淆吊装顺序。

吊装原则：应采用慢起、稳升、缓放的操作方式，吊装时，应系好缆风绳控制构件转动。在吊装过程中，起吊钢丝绳应长短一致，两端严禁一高一低，保持稳定，不得偏斜、摇摆和扭转。

图4.4.1 外挂墙板安装施工流程

图4.4.2 预制外挂墙板吊装现场

1. 外挂墙板吊装

构件起吊时，应先行试吊，试吊高度不得大于1m，试吊过程中检测吊钩与构件、吊钩与钢丝绳、钢丝绳与扁担梁之间连接是否可靠。确认各项连接满足要求后方可正式起吊。

构件吊装至施工操作层时，操作人员应站在楼层内，佩戴穿芯自锁保险带（保险带应与楼面内预埋钢筋环扣牢。叠合楼板浇筑过程中，每个房间内靠外墙部位埋设2个$\phi14$钢筋环，钢筋环锚入楼板36d），用专用钩子将构件上系扣的缆风绳钩至楼层内，然后将外挂墙板拉到就位位置。

吊运构件时，下方严禁站人，必须待吊物降落离地1m以内，方准靠近，就位固定后，方可摘钩。

当遇到雨、雪、雾天气或风力大于6级时严禁吊装作业。

2. 外挂墙板调节及就位

当外挂墙板到达指定位置之后，测量员和质检员应核定标高和垂直度，工人协助进行初调保证外挂墙板基本安装到位。由于外挂墙板较重，外挂墙板安装固定以后难以再做调整，故要求在安装到位过程中外挂墙板始终由起重机配合。

外挂墙板安装初步就位后，对外墙板进行三向微调，确保预制构件调整后标高一致、进出一致、板缝间隙一致，并确保垂直度。根据相关工程经验并结合工程实际，每块预制外墙板可采用2根可调节水平拉杆、2根可调节斜拉杆以及2枚标高控制螺杆进行微调，如图4.4.3所示。

图4.4.3 预制外墙板微调构造

（1）构件水平高度调节。构件高度调节采用标高控制螺杆，每一块预制外挂墙板左、右各设置1道标高控制螺杆，通过拧动螺母来调节预制外墙板的标高进行微调，如图4.4.4所示。

构件标高通过精密水准仪来进行复核。每块墙板块吊装完成后须复核，每个楼层吊装完成后须统一复核。

高度调节前须做好以下准备工作：引测楼层水平控制点，每块预制板面弹出水平控制墨线,相关人员及测量仪器、调校工具到位。

(2)构件左右位置调节。待预制构件高度调节完毕后,进行板块水平位置微调,微调采用液压千斤顶,以每块预制构件板底∟80×50×5角钢为顶升支点进行左右调节。

构件水平位置复核:通过钢尺测量构件边与水平控制线间的距离来进行复核。每块板块吊装完成后须复核,每个楼层吊装完成后须统一复核。

(a) 标高调节装置

(b) 可调节长度斜撑杆

图4.4.4　微调装置实图

(3)构件进出调节。利用可调节水平拉杆来调节构件的进出。每一块预制构件左、右各设置1道可调节水平拉杆,拉杆后端均牢靠固定在结构楼板上,如图4.4.5所示。拉杆顶部设有可调螺纹装置,通过旋转杆件,可以对预制构件底部形成推拉作用,起到板块进出调节的作用。

构件进出通过钢卷尺来进行复核。每块墙板块吊装完成后须复核,每个楼层吊装完成后须统一复核。

进出调节前须做好以下准备工作:引测结构外延控制轴线,以控制轴线为基准在楼板上弹出进出控制

图4.4.5　构件水平高度调节详图

线，相关人员及测量仪器、调校工具到位。

（4）构件垂直度调节。利用可调节斜拉杆来调节构件的垂直度。每一块预制构件左、右各设置1道可调节斜拉杆，拉杆后端均牢靠固定在结构楼板上，如图4.4.6所示。拉杆顶部设有可调螺纹装置，通过旋转杆件，可以对预制构件顶部形成推拉作用，起到板块垂直度调节的作用。

构件垂直度通过垂准仪来进行复核。每块墙板块吊装完成后须复核，每个楼层吊装完成后须统一复核。

预制外挂墙板的校核与偏差调整应按以下要求进行：

① 预制外挂墙板侧面中线及板面垂直度的校核，应以中线为主调整。

② 预制外挂墙板上下校正时，应以竖缝为主调整。

③ 墙板接缝应以满足外墙面平整为主，内墙面不平或翘曲时，可在内装饰或内保温层内调整。

④ 预制外挂墙板山墙阳角与相邻板的校正，以阳角为基准调整。

⑤ 预制外挂墙板拼缝平整的校核，应以楼地面水平线为准调整。

图4.4.6 构件垂直度调节详图

3. 外挂墙板底部固定、外侧封堵

外挂墙板底部坐浆材料的强度等级不应低于被连接构件的强度，坐浆层的厚度不应大于20mm，底部坐浆强度检验以每层为一个检验批，每工作班组应制作一组且每层不应少于3组边长为70.7mm的立方体试件，标准养护28d后进行抗压强度试验。为了防止外挂墙板外侧坐浆料外漏，应在外侧保温板部位固定50mm×20mm的具备A级保温性能的材料进行封堵。

预制构件吊装到位后应立即进行下部螺栓固定并做好防腐防锈处理。上部预留钢筋与叠合板钢筋或框架梁预埋件焊接。

4.4.2 接缝与防水施工

1. 板缝混凝土灌筑

墙板安装完毕，质量检查合格后，即可进行墙板下部水平抗剪键槽混凝土的灌筑。

灌筑板缝混凝土前，应将模板的漏洞、缝隙堵塞严密，用水冲洗模板，并将板缝浇水充分润湿（冬期施工除外）。

板缝细石混凝土应按设计要求的强度等级进行试配选用。竖缝混

外挂墙板接缝与防水施工（教学视频）

凝土坍落度为8~12cm，水平缝混凝土坍落度为2~4cm。运进楼层的混凝土，如发现有坍落度减小或分层离析等现象，可掺用同水灰比的水泥浆进行二次搅拌，严禁任意加水。

每条板缝混凝土应连续浇筑，不得留有施工缝，为使混凝土捣固密实，可在灌筑前在板缝内插放一根φ30左右的竹竿，随灌筑、随振捣、随提拔，并设专人敲击模板助捣。上下层墙板接缝处的销键与楼板接缝处的销键所构成的空间立体十字抗剪键块，必须一次浇筑完成。

灌筑板缝混凝土时，不允许污染墙面，特别是外墙板的外饰面。发现漏浆要及时用清水冲净。混凝土灌筑完毕后，应由专人员立即将楼层的积灰清理干净，以免黏结在楼地面上。

板缝内插入的保温和防水材料，灌筑混凝土时不得使之移位或破坏。

每一楼层的竖缝、水平缝混凝土施工时，应分别各做3组试块。其中，一组检测标准养护28d的抗压极限强度，一组检测标准养护60d的抗压极限强度，一组检测与施工现场同条件养护28d的抗压极限强度。评定混凝土强度质量标准以28d标准养护的抗压极限强度为准，其他两组供参考核对用。

常温施工时，板缝混凝土浇筑后应进行浇水养护。冬期施工时，板缝混凝土的入模温度应大于15℃。当采用P42.5级普通硅酸盐水泥时，混凝土内宜掺入复合抗冻早强剂，水灰比不大于0.55，拆模时间不少于2d；当采用低品位硫铝酸盐水泥时，不得混用其他品种水泥，混凝土内宜掺入占水泥用量2%的亚硝酸钠，水灰比不大于0.55，拆模时间推迟24h。

2. 构造防水和保温处理的施工要点

板缝的防水构造（竖缝防水槽、水平缝防水台阶）必须完整，形状尺寸必须符合设计要求。如有损坏，应在墙板吊装前用108胶水泥砂浆修补完好。

事先要根据设计要求裁制塑料条或油毡条（挡水板），其宽度一般要比两立槽间的宽度大5mm，长度应保证上下楼层搭接15cm。"十"字缝部位采用分层排水方案时，事先将φ32的塑料管裁成图4.4.7所示形状，或用24号镀锌薄钢板做成图4.4.8所示形式的"簸箕"以备使用。

板缝采取保温隔热处理时，事先将泡沫聚苯乙烯按照设计要求进行裁制。裁制长度比层高长50mm，然后用热沥青将泡沫聚苯乙烯粘贴在油毡条上（油毡条裁制宽度比泡沫聚苯乙烯略宽一些，长度比楼层高度长100mm），以备使用。

外墙板的立槽和空腔侧壁必须平整光洁，缺棱掉角处应予以修补。立槽和空腔侧壁表面在墙板安装前，应涂刷稀释防水胶油（胶油：汽油＝7∶3）等憎水材料一道。

图4.4.7 塑料排水管示意图（单位：cm）　　图4.4.8 金属簸箕示意图（单位：mm）

插放塑料或油毡挡水条和泡沫聚苯乙烯条应在板缝混凝土浇筑后进行。插放之前，应将槽内杂物清除干净，然后按缝的实际宽度选用塑料或油毡挡水条。操作时用一根$\phi 3$（1/2″）电线管，一端焊上$\phi 4$钢筋头做成的钩子，钩住挡水条沿空腔壁自上而下插入。为避免由于温度胀缩变形影响防水效果，每层下端需将短挡水条与长挡水条搭接，其搭接长度不小于100mm，搭接要顺槎，以保证流水畅通。在插放挡水条后，顺立缝空腔后壁插入油毡泡沫聚苯乙烯保温条。插放油毡泡沫聚苯乙烯保温条或其他保温材料时，要确保其位置的准确性，上、下端接槎要严密，不允许漏空及卷材翘边。插入后，用木杆拍压使其结实地附在空腔后壁上，防止灌板缝混凝土时挡水条鼓出或混凝土漏进空腔内。低温施工时，塑料条需用热水浸软后方可嵌插。

在平、立缝的防水砂浆勾缝前，应将缝隙清理干净，并将校正墙板用的木楔和铁楔从板底拔出，不得遗留或折断在缝内。勾平缝防水砂浆前，先将预裁好的保温条嵌入缝内，防水砂浆的配合比为水泥：砂子：防水粉＝1：2：0.02（重量比），调制时先以干料拌和，拌和均匀后再加水调制，以利防水。

为防止立缝内砂浆脱落，勾缝时一定要将砂浆挤进立槽内，但不得用力过猛，防止将塑料条（或油毡条）挤进减压空腔里，更严禁砂浆或其他杂物落入空腔里。平缝外口防水砂浆需分2～3次勾严。板缝外口的防水砂浆要求勾得横平竖直、深浅一致，力求美观。

为防止和减少水泥砂浆的开裂，勾缝用的砂浆应掺入占水泥重量0.6%～0.7%的玻璃纤维，低温施工时，为防止冻结，应掺适量氯盐。

为了检验板缝防水效果，宜在勾缝前先进行20min的淋水检验。对个别板缝由于吊装及构件误差而造成的瞎缝，则应做材料防水处理。

3. 材料防水施工要点

材料防水可按图4.4.9所示工艺流程进行。

图4.4.9　材料防水施工工艺流程

板缝基层必须坚硬、密实，不能有疏松、蜂窝和麻面等现象，基层表面要平整、干燥，不得有灰尘、浮土，不允许潮湿和存在积水，雨天或混凝土表面有霜、露、冰时不得施工。

嵌缝前涂刷冷底子油两遍，待第一遍干燥后再刷第二遍。涂刷要均匀严密。冷底子油的配合比为胶油：汽油＝3：7（重量比），严禁用煤油、柴油或其他油类配制。用聚氯乙烯胶泥嵌缝膏时，冷底子油配合比为煤焦油：二甲苯或甲苯＝1：（3～4）。

嵌油膏时，先将油膏搓成与缝粗细相适应的圆条嵌入缝内，再用刮刀或铁镏子逐段用力压实，使油膏与缝壁粘牢。采用聚氯乙烯胶泥嵌缝膏时，必须现配现用，每次配料不宜过多。嵌缝后，用喷灯热贴。为防止油膏黏结，嵌缝时可在手上或刮刀镏子上沾少量鱼油或滑石粉，但严禁在油膏表面、容器内、手上、刮刀和镏子上沾水或其他油类，特别要防止滑石粉浸入缝内。立缝用油毡做灌缝混凝土模板时，必须清除面层的滑石粉（带云母片的油毡不得使用），局部有钉子孔或裂缝处，事先应用油膏堵严。

气温过低，膏体过硬不宜施工时，可用热水熔箱间接加热，切不可用火直接加热。采用聚氯乙烯胶泥嵌缝时，如胶泥与混凝土黏结有开脱现象，应用烙铁热烫修补或用喷灯修补。压紧抹平后的油膏须与缝面相平或稍微鼓出，然后在表面上满涂胶油一道，其配合比为胶油：汽油＝7：3（重量比），涂刷宽度至少须超出油膏边缘4mm以上。

阳台板下和雨罩下的水平缝，为防止渗进雨水，应做材料防水，油膏的嵌缝长度如图4.4.10所示。

图4.4.10　材料防水施工油膏嵌缝

4.5 钢筋套筒灌浆连接

> **想一想**
>
> 装配整体式混凝土结构组成的各个预制构件已经吊装完毕,如何保证装配整体式混凝土结构的节点或接缝的承载力、刚度和延性不低于现浇钢筋混凝土结构呢?

1. 钢筋套筒灌浆连接的定义及原理

钢筋套筒灌浆连接是指在预制混凝土构件内预埋的金属套筒中插入钢筋并灌注水泥基灌浆料而实现的钢筋连接方式。其原理是透过铸造的中空型套筒,将钢筋从两端开口穿入套筒内部,不需要搭接或熔接,钢筋与套筒间填充高强度微膨胀结构性砂浆,借助套筒对砂浆的围束作用,加上本身具有的微膨胀特性,增大砂浆与钢筋套筒的正应力,由该正向力与粗糙表面产生摩擦力来传递钢筋应力,如图4.5.1所示。

钢筋套筒灌浆连接
(教学视频)

图4.5.1 钢筋套筒续接器示意图及原理图

2. 钢筋套筒灌浆连接施工工艺

施工前要做相应的准备工作,由专业施工人员依据现场的条件进行接头力学性能试验,按不超过1000个灌浆套筒为一批,每批随机抽取3个灌浆套筒制作对中连接接头试件(40mm×40mm×160mm),标准条件下养护28d,并进行抗压强度检验,其抗压强度不低于85N/mm²。具体可按图4.5.2所示工艺流程进行。

图4.5.2 钢筋套筒灌浆连接施工工艺流程

具体操作过程如下:

塞缝:预制墙板校正完成后,使用坐浆料将墙板其他三面(外侧已贴橡塑棉条)与楼面间的缝隙填嵌密实。

封堵下排灌浆孔:除插灌浆嘴的灌浆孔外,其他灌浆孔使用橡皮塞封堵密实。

拌制灌浆料:按照水灰比要求,加入适量的灌浆料、水,使用搅拌器搅拌均匀。搅拌完成后应静置3~5min,待气泡排除后方可进行施工。

浆料检测:检查拌和后的浆液流动度,左手按住流动性测量模,用水勺舀0.5L调配好的灌浆料倒入测量模中,倒满模子为止,缓慢提起模子,约0.5min之后,测量灌浆料平摊后最大直径为280~320mm,为流动性合格。每个工作班组进行一次测试。

注浆:将拌和好后的浆液倒入注浆泵,启动灌浆泵,待灌浆泵嘴流出浆液成线状时,将灌浆嘴插入预制墙板灌浆孔内,开始注浆。

封堵上排出浆孔:间隔一段时间后,上口出浆孔会逐个漏出浆液,待浆液成线状流出时,通知监理进行检查(灌浆处进行操作时,监理旁站,对操作过程进行拍照摄影,做好灌浆记录,三方签字确认,质量可追溯),合格后使用橡皮塞封堵出浆孔。封堵要求与原墙面平整,并及时清理墙面上、地面上的余浆。

试块留置:每个施工段留置一组灌浆料试块(将调配好的灌浆料倒入三联试模中,用做试块,与灌浆相同条件养护)。

无收缩水泥砂浆试块及套筒灌浆接头制作如图4.5.3所示。

图4.5.3 无收缩水泥砂浆试块及套筒灌浆接头制作

> **知识拓展** ✈

装配整体式混凝土结构的节点或接缝的承载力、刚度和延性对于整个结构的承载力起着决定性作用，而目前大部分工程中柱与楼板、墙与楼板等节点连接都是通过钢筋套筒灌浆连接，因而确保钢筋套筒灌浆连接的质量极为重要。为此，施工过程中，需要注意的事项如下：

（1）检查无收缩水泥期限是否在保质期内（一般为6个月），6个月以上禁止使用；3~6个月的须过8号筛去除硬块后使用。

（2）无收缩水泥的搅拌用水，不得含有氯离子。使用地下水时，一定要检验氯离子，严格禁用海水。禁止用铝制搅拌器搅拌无收缩水泥。

（3）在灌浆料强度达到设计要求后，方可拆除预制构件的临时支撑。

（4）砂浆搅拌时间必须大于3min。搅拌完成后于30min内完成施工，逾时则弃置不用。

（5）当日气温若低于5℃，灌浆后必须对柱底混凝土施以加热措施，使内部已灌注的续接砂浆温度维持在5~40℃之间。加热时间至少48h。

（6）柱底周边封模材料应能承受1.5MPa的灌浆压力，可采用砂浆、钢材或木材材质。

（7）续接砂浆应搅拌均匀，灌浆压力应达到1.0MPa，灌浆时由柱底套筒下方注浆口注入，待上方出浆口连续流出圆柱状浆液，再采用橡胶塞封堵。

（8）套筒灌浆连接接头检验应以每层或500个接头为一个检验批，每个检验批均应全数检查其施工记录和每班试件强度试验报告。

（9）在安放墙体时，应保证每个注浆孔通畅，预留孔洞满足设计要求，孔内无杂物。注浆前，应充分润湿注浆孔洞，防止因孔内混凝土吸水导致灌浆料开裂情况发生。

（10）进行个别补注：完成注浆半个小时后检查上部注浆孔是否有因注浆料的收缩、堵塞不及时、漏浆造成的个别孔洞不密实情况。如有则用手动注浆器对该孔进行补注。

4.6 钢筋绑扎和墙、柱模板安装

4.6.1 钢筋绑扎

在钢筋绑扎以前，首先应先校正预留锚筋、箍筋的位置和箍筋弯钩角度。根据图纸要求从下至上放置箍筋，并保证每个箍筋间隔绑扎；从上至下插入纵筋，并绑扎固定。剪力墙与受力钢筋和节点暗柱垂直连接，并采用搭接绑扎方式，其搭接长度应符合相关规范要求。

4.6.2 墙、柱模板安装

墙、柱模板安装
（教学视频）

当采用钢框木模板体系（图4.6.1）时，首先取掉厂家在预埋螺栓孔封堵用的保护件，根据图纸验收横向、竖向钢筋绑扎距离，安装旋紧对拉螺栓，并套上对拉螺栓套筒，安装并固定钢框木模板体系，对拐角处钢管采取连接固定措施。

(a) 安装对拉螺栓

(b) 套上对拉螺栓套筒

(c) 安装并固定钢框木模板体系

图4.6.1 模板安装（钢框木模板体系）

当采用铝合金模板体系（图4.6.2）时，首先，按照配模图进行模板拼装，并放置在节点指定位置。竖向拼装完成之后，进行横向拼装，横向拼装采用销钉、销片连接。连接时，带转角的模板以阴角模为基准往两边连接，平面模板从左至右进行依序连接，拼装完成后采用临时支撑，防止模板倒塌造成安全事故。其次，按照对应的孔位安装PVC套管及对拉螺栓，模板拼装完成后，根据模板事先预留的孔洞进行PVC套管安装，安装完之后每根套管穿一根对拉螺栓，两人分别站在墙板的两面进行配合操作。然后，继续按照配模图完成背楞安装，横向位置根据套管和对拉螺杆的位置确定。从底部开始安装，注意此时不完成紧固，只需保证背楞靠近模板即可，适当紧固防止脱落。最后，调整模板位置，完成紧固。其中，高度方向以墙板上表面为高度参考面，使模板对齐高度参考面，底部高度差通过加木楔弥补，为防止漏浆，底部需采用素混凝土砂浆堵缝，空隙较大处用方木填堵，方木应贴在铝合金模板的下端，平直放置，保证层间墙体的平滑过渡；宽度方向要求设计压边宽度为50mm，且必须保证两边搭边长度不少于30mm。到位后，进行垂直度和墙柱的截面尺寸校核，合格后完成背楞紧固，完成底部砂浆补漏措施。去除临时支撑，完成安装。

(a) 安装PVC套管

(b) 套管穿一根对拉螺栓

(c) 背楞安装

图4.6.2　模板安装（铝合金模板体系）

安装过程中，需要注意以下几点：

（1）外墙板对拉杆直径为16mm，且对拉杆须旋入外墙板套筒内不少于25mm。

（2）模板安装应在叠合板吊装完毕后分区进行，如需先支模再放置叠合楼板时，模板顶标高应略低于叠合板底标高。

（3）模板安装与预制墙板接触面须贴双面胶条，防止漏浆。

（4）模板拆除前，场地清理干净，先拆除支撑扫地杆，再拆除对拉杆、横向背楞，最后拆除模板。

4.7 管线预留预埋

管线预留预埋
（教学视频）

建筑工程中给水排水管道有很多要穿越楼板或墙面，一般情况下从施工到结构封顶都不能进行管道施工，如果管道安装和其他工种作业交叉进行，就容易损坏管道或因砂浆等杂物进入而堵塞管道，产生质量问题。

根据设计图纸将预埋机电管线绑扎固定（图4.7.1），有地面管线需埋入墙板的必须严格控制其定位尺寸并固定牢固，其伸出混凝土完成面不得小于50mm，用胶带纸封闭管口。

图4.7.1　楼板管线布置

管线预留预埋需注意以下几点：

（1）做好施工技术交底。在技术交底时要明确预留孔洞和预埋套管的准确位置，不能存在麻痹大意思想，认为预留多少或位置稍有偏差关系不大。在施工实践中，常常出现因预留孔洞和预埋套管的不合理而造成专业位置发生冲突，最终只能采取较大范围调整的办法，从而造成浪费。

（2）套管制作要符合施工规范和施工图集要求。预埋套管和构件的制作方法直接影响着后期的施工质量，施工单位应严把质量关，施工必须符合设计图纸、施工规范和施工图集的要求。

（3）和土建施工密切配合，保证预埋及时。管道穿越基础预留洞、管道穿越楼板预留洞、支架预埋钢构件应在土建施工时提前做好，不可在主体完成后再开凿孔洞以满足管道安装的要求，严禁乱砸孔洞，甚至割断楼板主筋，避免造成破坏成品及结构强度。

（4）加强混凝土浇筑现场的指导。在混凝土浇筑时，要安排专业人员在现场负责预留孔洞和预埋套管监督，发现问题及时处理。

4.7.1　水暖安装洞口预留

当水暖系统中的一些穿楼板（墙）套管不易安装时，可采用直接预埋套管的方法，埋设于楼（屋）面、空调板、阳台板上，包括地漏、雨水斗等。有预埋管道附件的预制构件在工厂加工时，应做好保洁工作，避免附件被混凝土等材料污染、堵塞。

由于预制混凝土构件是在工厂生产现场组装的，与主体结构间是靠金属件或现浇处理进行连接的。因此，所有预埋件的定位除了要满足距墙面、穿越楼板和穿梁的结构要求外，还应给金属件和墙体留有安装空间，一般距两侧构件边缘不小于40mm。

装配式建筑宜采用同层排水。当采用同层排水时，下部楼板应严格按照建筑、结构、给水排水专业的图纸预留足够的施工安装距离，并且应严格按照给水排水专业的图纸，预留好排水管道的预留孔洞。

4.7.2　电气安装预留预埋

1. 预留孔洞

预制构件一般不得再进行打孔、开洞，特别是预制墙应按设计要求标高预留好过墙的孔洞，重点注意预留的位置、尺寸、数量等应符合设计要求。

2. 预埋管线及预埋件

电气施工人员对预制墙构件进行检查，检查需要预埋的箱盒、线管、套管、大型支架埋件等是否漏设，规格、数量、位置等是否符合要求。

预制墙构件中主要埋设：配电箱、等电位联结箱、开关盒、插座盒、弱电系统接线盒、消防显示器、控制器、按钮、电话、电视、对讲等及其管线。

预埋管线应畅通，金属管线内外壁应按规定做除锈和防腐处理，清除管口毛刺。埋入楼板及墙内管线的保护层不小于15mm，消防管路保护层不小于30mm。

3. 防雷、等电位联结点的预埋

装配式建筑的预制柱是在工厂加工制作的，两段柱体对接时，较多采用的是套筒连接方式，即一段柱体端部为套筒，另一段柱体端部为钢筋，钢筋插入套筒后注浆。如用柱结构钢筋作为防雷引下线，就要将两段柱体钢筋用等截面钢筋焊接起来，达到电气贯通的目的。选择柱内的两根钢筋作为引下线和设置预埋件时，应尽量选择在预制墙、柱的内侧，以便于后期焊接操作。

预制构件生产时应注意避雷引下线的预留预埋，在柱子的两个端部均需要焊接与柱筋同截面的扁钢，将其作为引下线埋件。应在设有引下线的柱子室外地面上500mm处，设置接地电阻测试盒，测试盒内测试端子与引下线焊接。此处应在工厂加工预制柱时做好预留，预制构件进场时现场管理人员进行检查验收。

预制构件应在金属管道入户处做等电位联结，卫生间内的金属构件也应进行等电位联结，所以在生产加工过程中，应在预制构件中预留好等电位联结点。整体卫浴内的金属构件须在部品内完成等电位联结，并标明和外部联结的接口位置。

为防止侧击雷，应按照设计图纸的要求，将建筑物内的各种竖向金属管道与钢筋连接，部分外墙上的栏杆、金属门窗等较大金属物要与防雷装置相连，结构内的钢筋连成闭合回路作为防侧击雷接闪带。均压环及防侧击雷接闪带均须与引下线做可靠连接，预制构件处需要按照具体设计图纸要求预埋连接点。

4.7.3 整体卫浴安装预留预埋

施工测量卫生间截面进深、开间、净高、管道井尺寸、窗高，地漏、排水管口的尺寸，预留的冷热水接头、电气线盒、管线、开关、插座的位置等，此外应提前确认楼梯间、电梯的通行高度、宽度以及进户门的高度、宽度等，以便于整体卫浴部件的运输。

预留预埋前，进行卫生间地面找平、给水排水预留管口检查，确认排水管道及地漏是否畅通、无堵塞现象，检查洗脸面盆排水孔是否可以正常排水，对给水预留管口进行打压检查，确认管道无渗漏水问题。

按照整体卫浴说明书进行防水底盘加强筋的布置，布置加强筋时应考虑底盘的排水方向，同时应根据图纸设计要求在防水底盘上安装地漏等附件。

4.8 混凝土浇筑施工

> **想一想**
> 装配式建筑混凝土浇筑与传统施工有哪些不同？

1. 钢筋施工

楼板钢筋施工：安放板底钢筋保护层垫块，架空安装楼面钢筋，安装板负筋（若为双层钢筋则为上层钢筋）并设置马凳，设置板厚模块，自检、互检、交接检后报监理验收。

2. 混凝土浇筑

在浇筑混凝土前，预制构件结合面疏松部分的混凝土应剔除并清理干净，还应按设计要求检查结合面的粗糙程度及预制构件的外露钢筋，严格按设计要求对接触面进行处理，检查钢筋、木模、水电预埋无问题后，提前24h洒水润湿结合面，应当采用提高一个强度等级、抗裂、抗渗、补偿收缩的混凝土浇筑，并振捣密实。

混凝土浇筑如图4.8.1所示。一人扶输送管，两人操作振动棒（其中一人抬振动电机拉线），每次振捣的时间为3～5s，振动棒插入前后间距一般为30～50cm，也可使用平板振动器来进行振捣。两人把平混凝土，两人收光。楼面平整度应严格控制：利用边模顶面和柱插筋上的标高控制混凝土厚度和混凝土平整度。同时，控制楼面混凝土标高在8mm以内，外墙边局部梁标高偏差由专人负责修整。

混凝土浇筑施工
（教学视频）

图4.8.1 混凝土浇筑

采用预制构件做模板的柱、剪力墙，从楼梯角的柱子开始，往一个方向逐步浇筑，混凝土必须分层振捣，控制混凝土并由专人选用功率较小的插入式振动棒振捣，振动器距离模板不大于15cm，也不得紧靠模板，且应尽量避免碰撞钢筋及各种预埋件，插棒位置应错开对拉杆，并注意对对拉螺栓的保护，每次插入振捣的时间为20～30s，并以混凝土不再显著下沉，不出现气泡，开始泛浆时为准，振动棒插入前后间距一般为30～50cm，防止漏振。混凝土浇筑时应安排专人负责打棒，防止因漏振出现蜂窝、麻面，防止因强振而跑模、露筋。柱、剪力墙混凝土的浇筑高度应严格控制：在露出的柱子插筋上做好混凝土顶标高标志，利用外圈叠合梁上的外侧预埋钢筋固定边模专用支架，调整边模顶标高至板顶设计标高。且楼板与柱、剪力墙分开浇筑时，柱、剪力墙混凝土的浇筑高度应略低于叠合楼板底标高。

养护：应在浇筑完毕后的12h内对混凝土加以保湿养护并加以覆盖，当采用塑料布覆盖养护时，应覆盖严密，并应保持塑料布内有凝结水。当日平均气温低于5℃时，不得浇水。对于用硅酸盐水泥、普通硅酸盐水泥或矿渣硅酸盐水泥拌制的混凝土，养护时间不得少于7d；对于掺用缓凝型外加剂或有抗渗要求的混凝土，不得少于14d。

当后浇叠合楼板混凝土强度符合现行国家及地方规范要求时，方可拆除叠合板下的临时支撑，以防止叠合梁发生侧倾或混凝土过早承受拉应力而使现浇节点出现裂缝。

知识拓展

目前，装配式建筑越来越多，装配率不断提高，其结构工程施工技术越来越成熟，工程经验越来越丰富。经过总结，工程中出现的一些问题及其应对措施如下：

（1）L形窗台板采用两点吊装，吊装过程中易产生歪斜，安装困难。因而L形窗台板增加一个吊点预埋件，采用三点吊装，保证安装时构件平正，如图4.8.2和图4.8.3所示。

图4.8.2　两点吊装

图4.8.3　三点吊装

（2）铝模"爆模"现象。PC＋铝模的暗柱部位、PCF内两段式螺杆板内下端出现大量爆模现象时，可加密铝模斜撑，且在模板底部进行拉杆加固，如图4.8.4～图4.8.6所示。

知识拓展

（3）PC构件与楼板、暗柱模板的交接处局部存在偏差，故局部采用木模拼装加固，如图4.8.7～图4.8.9所示。

（4）楼板模板在墙阴角处没有竖向支撑，楼板爆模后下垂，故在墙阴角处的楼板模板增设竖向支撑，如图4.8.10和图4.8.11所示。

图4.8.4　PC＋铝模的暗柱部位爆模

图4.8.5　PCF内两段式螺杆板内下端爆模

图4.8.6　加密铝模斜撑

图4.8.7　PC构件与楼板模板交接处存在偏差

图4.8.8　PC构件与暗柱模板交接处存在偏差

图4.8.9　局部采用木模加固

图4.8.10　楼板爆模后下垂　　　　　　图4.8.11　墙阴角处增设竖向支撑

（5）预制楼板在混凝土浇筑时开裂。预制楼板在混凝土浇筑后，顺着桁架钢筋方向产生裂缝，通过对施工过程的跟踪分析，发现有以下几个方面的原因：吊装时，吊点位置不合理；叠合梁顶面平整度不够，产生应力集中；木工字梁搭设不合理。

预制楼板吊装时，吊点位置应符合受力要求，采用8点起吊；由于生产的预制梁顶面不平整，可考虑将预制梁的叠合面降低2mm，防止预制楼板直接搭接在梁上；木工字梁搭设时，要确保木工字梁顶面在同一水平面上。在实际工程中，预制楼板底部增设了一层直径较小、间距大的分布筋，可有效控制楼板裂缝的开展。

（6）预制墙板在混凝土浇筑时产生较大移位。预制墙板在混凝土浇筑振捣时，部分墙板节点部位产生了较大的位移。存在位移的主要原因有预制墙板安装用斜支撑设置不合理，预制墙板底面安装用垫块放置不合理，混凝土浇筑时浇筑顺序不合理。

由于楼（地）面存在高低误差，且预制墙板安装时要使用撬棍，故需在墙板底部留一条水平缝，为使混凝土浇筑时缝内混凝土浇筑密实，一般缝高采用50mm。在安装预制墙板时，应在底面放置垫块，垫块的放置应结合斜支撑的安装，将垫块放置在斜支撑的正下方，使垫块位置、斜支撑两端点位置形成三角形受力模式，确保墙板在施工荷载作用下不产生偏位。在浇筑混凝土时，应按从中间向两侧的顺序浇筑，应避免从一侧到另一侧的浇筑方式。

学习参考

超高层装配式建筑"内浇外挂"体系建造关键技术（来源：预制建筑网）

上海某装配整体式夹芯保温剪力墙结构项目首吊现场（来源：预制建筑网）

装配式混凝土结构、工程质量检测与验收（来源：预制建筑网）

装配式建筑施工细节（来源：预制建筑网）

模块4　装配整体式结构工程施工

典型装配整体式剪力墙住宅施工要点（来源：预制建筑网）

碧桂园的"SSGF"工法学习（来源：预制建筑网）

万科操盘装配式混凝土住宅项目经验（来源：预制建筑网）

装配式混凝土结构工程质量检测与验收现状（来源：预制建筑网）

装配式建筑施工工艺流程实例详解（来源：预制建筑网）

来自装配式项目现场的经验总结（来源：预制建筑网）

EPS模块建房优势探讨（来源：预制建筑网）

日本超高层PC建筑的抗震解决（来源：预制建筑网）

预制装配式建筑施工教学（来源：预制建筑网）

装配式建筑提高施工质量且不增加成本的方法借鉴（来源：预制建筑网）

装配式项目提高循环施工效率的现场管理经验借鉴（来源：预制建筑网）

了解"空中造楼机"（来源：预制建筑网）

日本装配式建筑项目学习（来源：预制建筑网）

中铁建的装配式项目学习（来源：预制建筑网）

装配式建筑的安装施工操作（来源：预制建筑网）

小　结

通过本模块的学习，了解装配整体式建筑不同结构的施工流程，重点学习预制柱、预制梁、预制墙板、叠合楼板、预制阳台、预制楼梯、模板的安装施工工艺以及钢筋套筒灌浆技术、管线预留预埋和混凝土浇筑方法，从中掌握如何使用相应的机械将预制构配件吊装到设计指定的位置，并总结经验将各类预制构件就位、调整、固定，以及如何保障预制外挂墙板的防水和保温性能，最终保证装配整体式建筑的承载力、适用性、耐久性要求。

实践　预制剪力墙安装VR模拟

【实践目标】

1. 熟悉装配式预制剪力墙的施工流程。
2. 掌握装配式预制剪力墙就位与调整的操作技能。
3. 培养探究能力、反应能力等综合能力。

【实践要求】

1. 复习本章内容。
2. 了解VR模拟设备。
3. 在遵守模拟演练室规则的前提下，完成教学任务。

【实践资源】

1. VR实训室。
2. VR计算机、头盔等硬件设施。
3. 预制剪力墙安装VR软件。

【实践步骤】

1. PC＋VR头戴显示设备、VR设备管理终端、VR软件平台等相关设备介绍。
2. 分3组，分别给学生分配VR头戴式虚拟设备，调整设备，进入虚拟模型中。

第一组：VR模拟演练，分步操作体验预制剪力墙放线、钢筋校正、垫片找平。

第二组：VR模拟演练，分步操作体验预制剪力墙吊装、就位。

第三组：VR模拟演练，分步操作体验预制剪力墙安装斜支撑、校正、摘钩。

3. 各组派代表上台进行VR模拟演练并总结。

【上交成果】 1500字左右实习报告。

习 题

1. 按照其装配化的程度可将装配式建筑分为半装配式建筑和（　　）两大类。
   A. 全装配式建筑　　　　　　　　B. 装配整体式框架结构
   C. 装配整体式剪力墙结构　　　　D. 装配整体式框架-剪力墙结构

2. 高层建筑物或受场地条件环境限制的建筑物宜采用"内控法"放线，在房屋的首层，根据坐标设置（　　）条标准轴线控制桩。
   A. 1　　　　　　　　　　　　　B. 2
   C. 3　　　　　　　　　　　　　D. 4

3. 楼层标高点偏差不得超过（　　）mm。
   A. 1　　　　　　　　　　　　　B. 2
   C. 3　　　　　　　　　　　　　D. 4

4. 梁底支撑采用立杆支撑＋可调顶托＋（　　）木方。
   A. 100mm×100mm　　　　　　　B. 200mm×200mm
   C. 50mm×100mm　　　　　　　D. 100mm×150mm

5. 吊装预制墙板根据构件形式及质量选择合适的吊具，超过（　　）个吊点的应采用加钢梁吊装。
   A. 1　　　　　　　　　　　　　B. 2
   C. 3　　　　　　　　　　　　　D. 4

6. （　　）是指在预制混凝土构件内预埋的金属套筒中插入钢筋并灌注水泥基灌浆料而实现的钢筋连接方式。
   A. 间接搭接连接　　　　　　　　B. 焊接
   C. 钢筋套筒灌浆连接　　　　　　D. 浆锚连接

7. 根据设计图纸将预埋机电管线绑扎固定，有地面管线需埋入墙板的必须严格控制其定位尺寸并固定牢固，其伸出混凝土完成面不得小于（　　）mm，用胶带纸封闭管口。
   A. 10　　　　　　　　　　　　　B. 25
   C. 35　　　　　　　　　　　　　D. 50

8. 楼板与柱、剪力墙分开浇筑时，柱、剪力墙混凝土的浇筑高度应略（　　）叠合楼板底标高。

A．等于　　　　　　　　　　B．高于

C．低于

9. 起吊瞬间应停顿（　　）s，测试吊具与吊车之能率，并求得构件平衡性，方可开始往上加速爬升。

A．1　　　　　　　　　　　B．5

C．10　　　　　　　　　　　D．15

10. 预制墙板临时支撑安放在背后，通过预留孔（预埋件）与墙板连接，不宜少于（　　）道。

A．1　　　　　　　　　　　B．2

C．3　　　　　　　　　　　D．4

模块 5 装配式建筑附件施工

教学PPT

知识目标

1. 掌握门窗安装的方法。
2. 掌握管线安装的方法。
3. 熟悉室内装饰施工的流程。
4. 了解附件施工的质量与安全要求。

能力目标

1. 能够在现场进行装配式建筑附件的搭接安装。
2. 能够对装配式建筑的室内施工进行识图、绘图并根据图纸进行安装。

知识导引

装配式建筑的快速发展不仅是主体结构构件预制工业发展的结果，同时也是装饰附件和其他非主体结构附件技术快速发展的结果。本模块综合目前市场上存在的与装配式建筑相关的附属设施，对室内装饰各部品门窗、管线、装饰装修施工做了系统阐述，并对其中质量控制要点和容易产生的质量通病进行了分析。

5.1 门窗安装

装配式建筑由于是模块化生产，其门窗安装与传统建筑有哪些相同？哪些不同？

门窗安装
(教学视频)

门窗作为建筑的重要组成部分,安装方式也需要根据装配式建筑实际进行改进,装配式建筑的飞速发展对门窗的安装技术提出了更高的要求。本节主要讲述装配式建筑中门窗安装的施工工艺流程,以及在施工中出现的一些问题的解决方法。

5.1.1 条件要求

安装前,门窗洞口及安装位置应已在工厂预制过程中完成,窗框的安装槽开口在保温侧。安装时有两种情况:一种是安装位置没有预留,需要重新考虑加工位置的加工问题;另一种是安装位置已经预留。洞口相关尺寸位置如图5.1.1所示。应按照《民用建筑外窗工程技术规范》(DB37/T 5016—2014)中规定的洞口尺寸进行尺寸检查,其余尺寸要求符合本项目要求。

洞口尺寸应符合标准《民用建筑外窗工程技术规范》(DB37/T 5016—2014)中有关建筑外窗安装的要求,偏差为0~2mm。预制墙体上留安装预留槽,安装预留槽之间的位置$E=400$mm,安装预留槽宽$F=90$mm,正偏差为1~2mm,安装预留槽长$G=90$mm,正偏差为1~2mm。安装预留槽深必须到达混凝土墙。确保混凝土墙墙面平整、保温层切割平整,预埋螺栓预埋在混凝土墙里,预埋螺栓M10长度为100mm,外漏25mm,并符合设计要求。预埋螺栓在安装预留槽中的结构如图5.1.2所示。

图5.1.1 洞口相关尺寸位置图

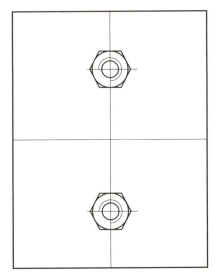

图5.1.2 预埋螺栓在安装预留槽中的结构

5.1.2 安装流程

按照装配式建筑的理念,使门窗的安装件实现模块化和标准化,实现门窗的快速安装，同时采用新型材料和防水结构的优化相结合，并通过新型施工工艺的实施将门窗安装好。

1．铝合金窗固定件

按照工厂预制墙体的预留安装预留槽已经预留和没有预留两种情况，设计了两种门窗安装件：一种是L形安装件，用于预留安装预留槽已经预留的情况；另一种是条形安装件，用于预留安装预留槽没有预留的情况。

建筑用门窗安装件L形安装件由钢制骨架和冷桥垫组成，冷桥垫由橡胶制成，黏结在钢制骨架上，安装时L形安装件由冷桥垫一端与窗框型材外侧通过自攻丝连接。放冷桥垫的目的是限位和隔断传热通道，防止形成冷桥。L形安装件结构如图5.1.3所示。

图5.1.3　L形安装件结构图

建筑用门窗安装条形安装件是由钢制骨架和橡胶垫组成的，条形安装件的橡胶垫端与窗框型材内侧通过自攻丝连接，放冷桥垫的目的同样是限位和隔断传热通道，防止形成冷桥。条形安装件结构如图5.1.4所示。

安装过程中，根据预制外墙的实际情况选择合适的安装件，当外墙有预留安装槽时，选择L形安装件；根据窗框型号选择与之符合的L形安装件型号，按照相应的预留位置，安装好L形安装件，L形安装件之间的距离应该与图5.1.1中洞口预留的距离相同。

当外墙无预留安装槽时，选择条形安装件；根据窗框型号选择与之符合的条形安装件型号，按照标准《民用建筑外窗工程技术规范》（DB37/T 5016—

图5.1.4　条形安装件结构图

2014）中有关建筑外窗安装的要求安装好条形安装件。

2. 铝合金门窗框安装

根据预留槽口的位置和安装件的位置安装铝合金门窗框。窗框的内侧与结构墙的外平面齐平，并及时调整好门窗框的水平、垂直及对角线长度等，使其符合质量标准，然后用木楔临时固定。

3. 铝合金门窗框固定

当墙体预埋件是螺栓时，预埋件与安装件用螺母连接。当墙体上没有预埋铁件时，依据现场实际情况用金属膨胀螺栓或塑料膨胀螺栓将铝合金门窗的安装件固定到墙上，严禁固定在保温板上。

4. 门窗框与墙体间的处理

铝合金门窗框安装固定后，应先进行隐蔽工程验收，合格后及时按施工要求打发泡胶，处理门窗框与墙体之间的缝隙。

洞口外侧四周涂刷多遍JS防水材料进行塞缝，铝门窗周边2～5cm范围内需要塞缝，具体做法为：用1：3干硬性防水砂浆塞缝，缝边压平后，近水侧涂抹不小于1.0mm厚的JS防水涂膜。防水必须为两遍以上成活，严禁一遍成活。塞缝前认真检查每一洞口大小是否能满足门窗塞缝条件，检查门窗框安装连接件间距、保护膜是否符合要求，如有洞口问题须提出并建议整改。

塞缝前认真清理干净框边的浮灰、垃圾、石子和水泥残渣，并进行基面湿润工作，刷完JS防水材料后用水泥防水砂浆混合物塞实门框体及25mm塞缝洞口，保证塞严和密实，不准有裂缝和空鼓出现。塞缝要对称塞，一次成活，以防框移位。塞缝完成后，刷防水剂，必须刷两面，不得有开裂，大面塞缝前必须先进行工序交接及样板工序施工。

门窗安装使用L形固定件时，先进行隐蔽工程验收，合格后及时用胀塞将墙体保温预留的孔洞封堵好。如果使用条形固定件，需要在室内侧打孔安装，保证螺钉高度不超过5mm，工序完成后，用水泥砂浆封好。

5. 装配式建筑门窗安装胀塞

门窗的安装位置在外侧时，墙体预留安装位置应该在墙体上，这样外墙保温会产生缺口，因此根据外形尺寸设计保温胀塞。安装件安装完成之后，将保温胀塞塞入安装位置，因保温胀塞使用保温材料，从而保证了外墙保温的完整性，保证了墙体的保温性能。安装件安装完成之后，将保温胀塞塞入安装位置，保温胀塞与墙体之间的塞缝采用发泡胶进行塞缝，从而保证了外墙保温的完整性，保证了墙体整体的保温性能。

5.1.3 质量检验

金属门窗的质量验收应符合《建筑装饰装修工程质量验收规范》（GB 50210—2001）中分项工程主控项目（表5.1.1）和一般项目（表5.1.2）要求。

表5.1.1 金属门窗分项工程主控项目记录表

	序号	规定	备注
主控项目	1	金属门窗的品种、类型、规格、尺寸、性能、开启方向、安装位置、连接方式及铝合金门窗的型材壁厚应符合设计要求。金属门窗的防腐处理及填嵌、密封处理应符合设计要求	
	2	金属门窗框和副框的安装必须牢固。预埋的数量、位置、埋设方式、与框的连接方式必须符合设计要求	
	3	金属门窗扇必须安装牢固，并开关灵活、关闭严密，无倒翘。推拉门窗扇必须有防脱落措施	
	4	金属门窗配件的型号、规格、数量应符合设计要求，安装应牢固，位置应正确，功能应满足使用要求	

表5.1.2 铝合金窗分项工程一般项目记录表

	序号	规定			备注
一般项目	1	金属门、窗表面应洁净、平整、光滑、色泽一致，无锈蚀。大面应无划痕、碰伤，漆膜或保护层应连续			
	2	铝合金门窗推拉门窗扇开关力应不大于100N			
	3	金属门窗框与墙体之间的缝隙应填嵌饱满，并采用建筑密封胶密封，建筑密封胶表面光滑、顺直、无裂纹			
	4	金属门窗扇的橡胶密封条或毛毡密封条安装完好，不得脱槽			
	5	有排水孔的金属门窗，排水孔应通畅，位置和数量应符合设计要求			
	6	项次	项目		允许偏差/mm
		1	门窗槽口宽度、高度	≤1500mm	1.5
				>1500mm	2
		2	门窗槽口对角线长度差	≤2000mm	3
				>2000mm	4
		3	门窗框的正、侧面垂直度		2.5
		4	门窗横框的水平度		3
		5	门窗横框标高		5
		6	门窗竖向偏离中心		5
		7	双层门窗内外框间距		4
		8	推拉门窗扇与框搭接量		1.5

> **知识拓展**
>
> 当采用固定钢片连接固定门窗时,门窗四周边框与墙体之间的缝隙应采用水泥砂浆塞缝。水泥砂浆塞缝能使门窗外框与墙体牢固可靠地连接,并对门窗的框料起着重要的加固作用。当缝隙采用聚氨酯泡沫填缝剂或其他柔性材料填塞时,固定钢片应采用燕尾铁脚代替,以保证门窗与墙体的连接固定可靠度。门窗安装玻璃的铝合金玻璃压线宜设计在室内方向,避免玻璃压线与窗框之间的细微缝隙渗水。推拉类型门窗下滑室内侧要设计足够高的挡水板,否则当室外雨水有一定压力时,雨水将越过挡水板流入室内。

5.2 管线安装

> **想一想**
>
> 装配式建筑由于一些构件预制特点,管线需要穿过哪些结构?竖向管线和横向管线的安装方法有哪些方式?

5.2.1 安装要求

1. 竖向管线安装

管线安装
(教学视频)

需穿过楼板的竖向管线包括电气干线、电信(网线、电话线、有线电视线、可视门铃线)干线,自来水给水、热水给水、雨水立管、消防立管,排水、暖气、燃气、通风、烟气管道等。《装配式混凝土结构技术规程》(JGJ 1—2014)规定:"竖向管线宜集中布置,并应满足维修更换的要求。"一般会设置管道井。

竖向管线穿过楼板,需在预制楼板上预留孔洞,圆孔壁宜衬套管,如图5.2.1所示。

图5.2.1 预制楼板预留竖向管线孔洞

对于竖向管线穿过楼板的孔洞位置、直径、防水、防火、隔声的封堵构造设计等，PC建筑与现浇混凝土结构建筑基本没有区别，需要注意的是其准确的位置、直径、套管材质、误差要求等，必须经建筑师、结构工程师同意。判断依据是，是否对结构安全和预制楼板的制作有不利影响，是否与预制楼板的受力钢筋或桁架筋"撞车"，如有"撞车"，须进行调整。所有的设计要求必须落到拆分后的构件制作图中。

叠合楼板预制时埋设的套管应考虑混凝土后浇层厚度和按规范要求留出高出地面的高度，设计防火、防水、隔声封堵构造时，如果有需要设置在叠合楼板预制层的预埋件，应落到预制叠合楼板的构件制作图中。

2. 横向管线安装

可能穿过结构梁、墙体的横向管线包括电源线、电信线、给排水、暖气、燃气、通风管道、空调管线等，导管线穿过结构梁或结构墙体，需要在梁或墙体上预留孔洞或套管，如图5.2.2所示。

横向管线穿过结构梁、墙体的孔洞位置、直径，防水、防火、隔声的封堵构造设计等，与竖向管线相同，其准确的位置、直径、误差要求、套管材质等，必须经建筑师、结构工程师同意。判断依据是，是否对结构安全和预制构件的制作有不利影响，是否与预制构件的受力钢筋"撞车"，如有"撞车"，须进行调整。所有详细的设计要求必须落到拆分后的构件制作图中。设计防火、防水、隔声封堵构造时，如果有需要设置在预制梁或墙体上的预埋件，应落到预制构件制作图中。

图5.2.2　结构梁预留横向管线孔洞

5.2.2　楼板预埋件和管线埋设

1. 有吊顶时固定管线和设备的埋设

PC建筑顶棚宜有吊顶，因此，所有管线都不用埋设在叠合板后浇筑混凝土层中。顶棚有吊顶，需在预制楼板中埋设预埋件，以固定吊顶与楼板之间敷设的管线和设备，吊顶本身也需要预埋件。

特别指出，国内目前许多工程在顶棚敷设管线时，不是在预制楼板中埋设预埋件，而是在现场打金属膨胀螺栓或塑料胀栓，其打孔随意性强，有时候打到钢筋再另换位置，对裸露钢筋也不进行处理，或者把保护层打裂，最严重的是把钢筋打断，给安全造成隐患。

敷设在吊顶上的管线可能包括电源线、电信线、暖气管线、中央空调管道、通风管道给水管线、燃气管线等，同时还有空调设备、排气扇、吸油烟机、灯具、风扇的固定预埋件。设计协同中，各专业需提供固定管线和设备的预埋件位置、重量以及设备尺寸等，由建筑师统一布置。结构设计师设计预埋件或内埋式螺栓的具体位置，从而避开钢筋，确定规格和埋置构造等，以上所有设计须落在拆分后的预制楼板图样上。

固定电源线等可采用内埋式螺母。如果悬挂较重的设备，宜用内埋式金属螺母或钢板预埋件。

2. 无吊顶时叠合楼板后浇混凝土层管线埋设

给水、排水、暖气、空调、通风、燃气的管线不可以埋置在预制构件或叠合板后浇筑混凝土层中，只有电源线和弱电管线可以埋设于结构混凝土中。

在顶棚不吊顶的情况下，电源线须埋设在叠合楼板后浇混凝土层中，叠合楼板预制板中须埋设灯具接线盒和安装预埋件，为此可能需要增加楼板厚度20mm。

5.2.3 墙体管线敷设

1. 柱、梁结构体系墙体管线敷设与设备固定

柱、梁结构体系墙体管线敷设与设备固定应符合以下规定：

（1）外围护结构墙板不应埋设管线和固定管线及设备的预埋件。如果外墙所在墙面需要设置电源、电视插座或埋设其他管线，应当设置架空层。

（2）如果需要在梁、柱上固定管线或设备，应当在构件预制时埋入内埋式螺母或预埋件，不要安装后在梁、柱上打膨胀螺栓。内埋式螺母或预埋件的位置和构造应设计在拆分后的构件制作图上。

（3）柱、梁结构体系内隔墙宜采用可方便敷设管线的架空墙、空心墙板或轻质墙板等。

2. 剪力墙结构墙体管线敷设与设备固定

剪力墙结构墙体管线敷设与设备固定应符合以下规定：

（1）剪力墙结构外墙不应埋设管线和固定管线及设备的预埋件。如果外墙所在墙面需要设置电源、电视插座或埋设其他管线，应与框架结构外围护结构墙体一样，设置架空层，如果剪力墙内墙有架空层，则管线敷设在架空层内。

（2）剪力墙内墙如果没有架空层，又需要埋设电源线、电信线、插座或配电箱等，或需要在剪力墙或连梁上固定管线或设备，应当在构件预制时埋入内埋式螺母或预埋件，不要安装后在墙体或连梁上打膨胀螺栓。内埋式螺母或预埋件的位置和构造应设计在拆分后的构件制作图上。

（3）剪力墙结构建筑的非剪力墙内隔墙宜采用可方便敷设管线的架空墙或空心墙板。

（4）电气以外的其他管线不能埋设在混凝土中；在墙体没有架空层的情况下，必须敷设在墙体上的管线应采用明管敷设，并依靠装修解决。

5.2.4　地面管线敷设

1. 有架空层时地面管线敷设

PC建筑的地面如果设置架空层，可以方便地实现同层排水，多户共用竖向排水干管。管线敷设对结构没有影响。

2. 无架空层时地面管线敷设

在地面不做架空层的情况下，实现多户同层排水相对困难，除非两户的卫生间相邻。为实现同层排水，应使局部楼板高度下降，如图5.2.3所示。

图5.2.3　无架空层地面局部楼板下降高度

5.2.5　防雷线敷设

1. 防雷引下线

PC建筑受力钢筋的连接，无论是套筒连接还是浆锚连接，都不能确保连接的连续性，因此不能用钢筋做防雷引下线，应埋设镀锌扁钢带做防雷引下线。镀锌扁钢带尺寸不小于25mm×4mm，并在埋置防雷引下线的柱子或墙板的构件制作图中给出详细的位置和探出接头长度，引下线须在现场焊接连成一体，焊接点要进行防锈蚀处理。当前，美国工艺是涂刷富锌防锈漆。

日本PC建筑采用在柱子中预埋直径为10～15mm的铜线做防雷引下线，接头为专用接头，如图5.2.4所示。

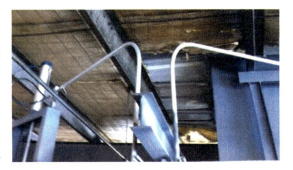

图5.2.4　防雷引下铜线及连接头

2. 阳台金属护栏防雷

阳台金属护栏应当与防雷引下线连接。因此，预制阳台应当预埋25mm×4mm镀锌钢带，一端与金属护栏焊接，另一端与其他PC构件的引下线系统连接，如图5.2.5所示。

图5.2.5 阳台防雷

3. 铝合金窗和金属百叶窗防雷

距离地面4.5m以上，外墙铝合金窗、金属百叶窗、飘窗铝合金窗的金属窗框和百叶应当与防雷引下线连接。因此，预制墙板或飘窗应当预埋25mm×4mm镀锌钢带，一端与铝合金窗、金属百叶窗焊接，另一端与其他PC构件的引下线系统连接，如图5.2.6所示。

图5.2.6 铝合金窗户防雷

4. 阳台自设窗户管线

有的业主把阳台用铝合金窗封闭，或安装金属防盗网，对于这种情况，设计者应给出解决办法，或明确禁止，或预埋防雷引下线。

模块5　装配式建筑附件施工

> **知识拓展**
>
> 　　由于PC建筑很多结构构件是预制的，水电暖各个专业对结构有诸如"穿过""埋设"或"固定于其上"的要求，因此，这些要求都必须准确地在建筑、结构和构件图上表达出来。
>
> 　　PC建筑除了叠合板后浇层可能需要埋置电源线、电信线外，其他结构部位和电气通信以外的管线都不能在施工现场进行"埋设"作业，不能砸墙凿洞，不能随意打膨胀螺栓。现浇混凝土结构建筑也不应当砸墙凿洞或随意打膨胀螺栓，但是多年来某些设计者设计不精确以及业主自己搞装修，养成了不良习惯。这种不良习惯会带来安全隐患，在装配式建筑中必须杜绝。
>
> 　　装配式建筑的管线安装主要包括（不限于）横竖管线的安装，不同楼板的预埋件及管线的埋设，墙体管线的敷设，地面管线的敷设及其他管线安装。

5.3　室内装饰施工

纵观装配式建筑的特点和建筑工业化的要求，室内装饰工程会出现哪些新的特点？

　　随着装配式建筑的迅速发展，近年来建筑的室内装饰工程装配式施工也被引入装饰行业，装配式施工具有极大的灵活性和资源合理配置利用的特点。装配式施工是指将组成室内装饰的建筑或设计构成，在加工厂进行分步式制作，然后运至装饰指定地点进行现场组合，将混凝土构件和其他安装工程进行结合形成新的建筑物或是装饰物。通俗来讲就是将装饰工程中的材料分工化，提高整体工程进度和工作效率，又在节约成本减少浪费的基础上增加建筑装饰的美观程度，减少人力投入和技术参与，也降低了技术施工难度。

5.3.1　吊顶部品安装

1. 龙骨安装

（1）轻钢龙骨安装规定。主、覆面龙骨需加长时，应采用配套接

室内吊顶部品安装
（教学视频）

143

长件接长，主龙骨宜平行于房间长向安装，安装后应及时校正其位置标高，轻钢T形龙骨安装应符合下列规定：

① 轻钢T形龙骨作为主龙骨时，端吊点距主龙骨顶端不应大于150mm。

② 轻钢T形龙骨吊顶在灯具和风口位置的周边应加设T形加强龙骨。

（2）龙骨安装质量规定。龙骨安装质量应符合下列规定：

① 吊杆、龙骨的材质、规格、安装间距及连接方式应符合设计要求，金属吊杆、龙骨表面应做防腐处理，木吊杆、龙骨应进行防腐、防火和防蛀处理。

② 金属吊杆、龙骨的接缝应均匀一致，角缝应吻合。表面应平整，无翘曲、无锤印，木质吊杆、龙骨应顺直，无劈裂、变形，吊杆、龙骨安装应牢固。

③ 明、暗龙骨安装允许偏差和检验方法应分别符合表5.3.1和表5.3.2的规定。

表5.3.1　明龙骨吊顶工程龙骨安装允许偏差和检验方法

项次	项目	允许偏差/mm	检验方法
1	龙骨间距	2	用钢直尺
2	龙骨平直	2	拉线、2m靠尺或塞尺
3	龙骨搭接间隙	1	用钢直尺
4	龙骨四周水平	3	用尺量或用水准仪测

表5.3.2　暗龙骨吊顶工程龙骨安装允许偏差和检验方法

项次	项目	允许偏差/mm	检验方法
1	龙骨间距	3	用钢直尺
2	龙骨平直	3	拉线、2m靠尺或塞尺
3	龙骨四周水平	3	用尺量或用水准仪测

2. 金属板吊顶

以金属铝为原料制成的铝扣板在室内装饰中使用越来越多。铝扣板用轻质铝板一次冲压成型，外层再用特种工艺喷涂漆料，即使长期使用也不会褪色，而且施工比较简洁，不易变形，安装后也不会出现弯曲或中间下坠的情形，能够保证吊顶的平整性。安装前，吊顶与四周墙面空隙处，应设置金属压缝条与吊顶找齐，金属压缝条材质宜与金属板面相同。边长大于600mm的金属面板应设置加强肋。金属条板安装宜从一侧墙边开始向另一侧逐条安装。板安装完成后撕掉保护膜，清理表面，做好成品保护。

（1）弹线定位。弹线定出标高线，弹标高线一般应该以室内地平线为准，吊顶标高线可以弹在四周墙面或柱面上，如图5.3.1和图5.3.2所示。

图5.3.1　龙骨及连接件

图5.3.2　四角连接件

（2）龙骨布置分格定位线。两龙骨中心线的间距尺寸通常大于饰面板尺寸2mm左右，安装时控制龙骨的间隔需要用模规，模规要求两端平整，尺寸绝对准确，与要求的龙骨间隔一致。龙骨的标准分格尺寸确定以后，再根据吊顶面积决定分格位置。布置的原则是尽量保证龙骨分格的均匀性和完整性，以保证吊顶有规则的装饰效果。

（3）固定吊杆。轻钢龙骨吊顶较轻，吊杆的间距通常为900～1500mm。其大小取决于载荷。

（4）安装吊筋。先确定吊筋的位置，再在结构层上钻孔安装膨胀螺栓。上人龙骨的吊筋采用直径6mm的钢筋，间距为900～1200mm；不上人龙骨的吊筋宜采用直径为4mm的钢筋，间距为1000～1500mm。吊筋和顶棚结构层的连接方法如图5.3.3所示。吊筋必须刷防火涂料。

图5.3.3　吊筋和顶棚结构层的连接方法

（5）安装龙骨。在主龙骨的上部开出半槽，在次龙骨的下部开出半槽，并在主龙骨的半槽两侧各打出一个$\phi 3$的孔，如图5.3.4所示。安装时将主、次龙骨的半槽卡接起来，然后用22号细铁丝穿过主龙骨上的小孔，把次龙骨扎紧在主龙骨上，注意龙骨上的开槽间隙尺寸必须与骨架分格尺寸一致，如图5.3.5所示。

图5.3.4　主、次龙骨开槽方法　　　　图5.3.5　龙骨安装方法

（6）装饰板安装。金属装饰板安装有两种方法：第一种方法是用自攻螺钉将装饰面板固定在龙骨上，但是自攻螺钉必须是平头螺钉；第二种方法是装饰面板做成企口暗缝形式，用龙骨的两条肢插入暗缝内，靠两条肢将饰面板托挂住。

（7）金属装饰板吊顶安装施工。卡入式金属方板吊顶：卡入式金属方板吊顶的金属方板卷边向上，形同有缺口的盒子，通常边上扎出凸出的卡扣，卡入有夹簧的龙骨中，如图5.3.6所示。吸声的金属方板可以打孔，上面衬纸再放置矿棉或者玻璃棉的吸声垫，形成吸声顶棚。

图5.3.6　卡入式金属方板吊顶

3. 纸面石膏板吊顶

（1）纸面石膏板吊顶施工流程。石膏板常见的是普通纸面石膏板、石膏装饰板，此外还有空心石膏板、石膏吸声板、纤维石膏板、特定石膏板等。其中，纸面石膏板以石膏为核心，两面用纸作面合成。普通纸面石膏板用于内墙、隔墙和吊顶。经过防火处理的耐水纸面石膏板可用于湿度较大的房间墙面，如卫生间、厨房、浴室等贴瓷砖、金属板、塑料面砖墙的衬板。这里以纸面石膏板施工方法为例进行讲述（图5.3.7）。

图5.3.7　纸面石膏板吊顶

① 弹线分块。吊顶连续长度超过10m时,每10m高处应做伸缩缝处理。安装前应弹线分块,安装时四周留高缝,板与四周墙边留缝5mm,板边间距5～8mm。

② 固定石膏板。板与轻钢龙骨连接应采用自攻螺钉垂直地一次拧入固定,不应先钻孔后固定。自攻螺钉帽沉入板面后应进行防锈处理并用石膏腻子刮平。

③ 接缝处理。石膏板的接缝应进行板缝防裂处理,安装双层石膏板时,面层板与基层板的接缝应错开,并不应在同一根龙骨上接缝,吊顶转角处纸面石膏板转角应采用L形连接,单边长度不少于250mm,框架与板边不得同缝连接,与梁底吊平的两边石膏板应采用石膏板连接。

（2）石膏板的嵌缝处理规定。石膏板的嵌缝处理应符合下列规定:

① 应选用石膏腻子或与石膏板相互粘贴配套的嵌缝膏,嵌缝处理应在板全部安装完成24h后进行,板间缝隙应先用嵌缝膏填充,填充嵌缝膏时应分两次进行,第一次填缝时应用力将嵌缝膏压进拼缝里且压实,待第一次嵌缝膏干硬后再补第二次嵌缝膏并刮平。

② 遇切割边接缝时,每道嵌缝膏的覆盖宽度应放宽10mm。最后一道嵌缝膏凝固干燥后,应用砂纸轻轻打磨,使其同板面平整一致,石膏板吊顶应无裂缝。安装质量允许偏差和检验方法应符合表5.3.3的规定。

表5.3.3 纸面石膏板吊顶安装的允许偏差和检验方法

项次	项目	允许偏差/mm	检验方法
1	表面平整度	3.0	用2m靠尺和塞尺检查
2	接缝直线度	3.0	拉5m线,不足5m拉通线,用钢直尺检查
3	接缝高低差	1.0	用钢直尺和塞尺检查

4. 玻璃吊顶

玻璃因其色彩丰富、装饰效果好,被越来越多的应用于吊顶装修中。用玻璃做吊顶,虽然好看又实用,但是在决定用玻璃做吊顶前,需进行合理选用。玻璃吊顶中使用的玻璃材质对厚度有严格限制,因为玻璃自重大会影响安全,吊顶玻璃厚度一般控制在5～8mm。具体施工流程如图5.3.8所示。

图5.3.8 玻璃吊顶施工

（1）弹吊顶水平标高线、画龙骨分档线。根据楼层标高水平线,顺墙高量至顶棚设计标高,沿墙四周弹顶棚标高水平线。按吊顶平面图,在混凝土顶板弹出大龙骨的位置。大龙骨一般从吊顶的中心位置向两边分，间距按设计要求布置，遇到梁和管道固定点大于设计和规程时，应增加吊杆的固定点。

（2）安装吊杆。采用膨胀螺栓固定吊杆。吊杆的直径按设计要求选择，无设计要求也可视情况采$\phi 6 \sim \phi 8$的吊杆，如果吊杆长度大于1400mm，应设置反向支撑。

（3）龙骨安装。主龙骨应吊挂在吊杆上，主龙骨间距为900~1000mm，主龙骨分不上人UC38小龙骨和上人UC60大龙骨两种。主龙骨一般宜平行于房间长向安装，按房间短向跨度的3‰~5‰起拱。主龙骨的悬臂段不应大于300mm，否则应增加吊杆。

（4）防腐防火处理。顶棚内所有明露的铁件焊接处，安装玻璃板前应刷好防锈漆。木骨架与结构接触面应进行防腐处理，龙骨无须粘胶处，须刷防火涂料2~3层。

（5）安装基层板。轻钢龙骨安装完成并验收合格后，按基层板规格、拼缝间隙弹出分块线，然后从顶棚中间沿次龙骨的安装方向先装一行基层板作为基准，再向两侧展开安装。基层板应按设计要求选用，设计无要求时，宜用7mm厚胶合板。

（6）安装玻璃板。面层玻璃应按设计要求的规格和型号选用，一般采用3mm+3mm厚的镜面夹胶玻璃或钢化镀膜玻璃。安装前，先按玻璃板的规格在基层板上弹出分块线，线必须准确无误，不得歪斜、错位。然后用结构胶将玻璃粘贴固定，再用不锈钢装饰螺钉在玻璃四周固定。

（7）质量检验标准。玻璃的品种、规格、色彩、图案、固定方法等必须符合设计要求和国家规范、标准的规定。密封膏的耐候性、黏结性必须符合国家现行有关标准的规定。

玻璃吊顶工程允许偏差及检验方法应符合表5.3.4的规定。

表5.3.4　玻璃吊顶工程允许偏差及检验方法

项次	项类	项目	允许偏差/mm	检验方法
1	龙骨	龙骨间距	2	尺量检查
2	龙骨	龙骨平直	2	尺量检查
3	龙骨	龙骨四周水平	3	尺量或水准仪检查
4	罩面板	表面平整	1.5	用2m靠尺检查
5	罩面板	接缝平直	3	拉5m线检查
6	罩面板	接缝高低	1	用直尺或塞尺检查

5.3.2　轻质隔墙部品安装

1. 骨架式隔墙

骨架隔墙也称龙骨隔墙，装配式建筑主要用钢材构成骨架，再在两侧做面层。面层材料通常有纤维板、纸面石膏板、胶合板、钙塑板、塑铝板、纤维水泥板等轻质薄板。具体施工流程如图5.3.9所示。

图5.3.9 骨架式隔墙施工工艺流程

轻质隔墙部品安装（教学视频）

（1）放线。放线按施工图要求在楼板（梁）底部和楼地面上弹出板材隔墙位置边线。

（2）安装龙骨。根据沿弹线位置固定沿顶、沿地龙骨，固定边框龙骨，龙骨的边线应与弹线重合。龙骨的端部应固定，固定点间距应不大于1m，固定应牢固。边框龙骨与基体之间应按设计要求安装密封条，固定方式如图5.3.10所示。

对于半高矮隔断墙来说，主要靠地面固定和端头的建筑墙面固定。如果矮隔断墙的端头处无法与墙面固定，常用铁件来加固端头处。加固部分主要是地面与竖向木方之间，如图5.3.11所示。对于各种木隔墙的门框竖向木方，均应采用铁件加固法，其木隔墙门框木方的固定如图5.3.12所示。

图5.3.10 固定木龙骨

图5.3.11 矮隔断墙的固定

图5.3.12 木隔墙门框木方的固定

（3）胶合板安装。安装胶合板的基体表面用油毡、油纸防潮时，应铺设平整，搭接严密，不得有皱折、裂缝和透孔等。胶合板如用钉子固定，钉距为80～150mm，钉帽打扁并进入板面0.5～1mm，钉眼用油性腻子抹平。胶合板面如涂刷清漆时，相邻板面的木纹和颜色应近似。

（4）设备、电气安装。安装前先在双层板上设置放壁橱、阁楼的搁板、安装水箱、暖气片、暖气立管卡子、炉片等，应在固定位置的板内增设龙骨。墙体两面设置开关、插座时，洞口应相互错开，以免钻通墙体，影响防火和隔声效果。内设上水管时，应在管子外部缠包保温材料，并做隔气层。

（5）板面处理。胶合板和纤维板墙面板一般用木压条、金属压条或塑料压条压在缝隙处做压缝条。

（6）质量检修。骨架隔墙罩面板安装的允许偏差和检验方法应符合表5.3.5的规定。

表5.3.5 骨架隔墙罩面板安装的允许偏差和检验方法

项次	项目	允许偏差/mm		检验方法
		纸面石膏板	人造木板纤维增强水泥建筑平板	
1	立面垂直度	3	4	用2m垂直检测尺检查
2	表面平整度	3	3	用2m靠尺和塞尺检查
3	阴阳角方正	3	3	用直角检测尺检查
4	接缝直线度	—	3	拉5m线，不足5m拉通线，用钢直尺检查
5	压条直线度	—	3	拉5m线，不足5m拉通线，用钢直尺检查
6	接缝高低差	1	1	用钢直尺和塞尺检查

2. 活动隔墙

活动隔墙在装配式建筑中，可以把空间切割成不同的活动区域，使空间更加灵活多变，在很大程度上增加了室内空间的活力。活动式隔墙是常用的轻质隔墙之一。这里主要介绍悬吊导向式移动隔墙，如图5.3.13所示。

悬吊导向式移动隔断是在隔板的顶面安设滑轮，并与上部悬吊的轨道相连，如此构成整个上部支撑点，在板的下部不需要设置导向轨，仅对隔板与楼地面之间的缝隙，采用适当的方法予以遮盖。

图5.3.13 悬吊导向式移动隔断

（1）施工准备。活动隔墙板、配件等材料的品种、规格、性能应符合设计要求。有燃烧性能、防潮等特性要求的工程，材料应有相应性能等级的检测报告。活动隔墙宜在工厂加工制作。其制作方法、组合方式应符合设计要求。轨道的形式、规格、安装方式应符合设计要求，且轨道应在同一水平标高上。隔墙上轨道应根据隔断重量选择轨道埋件和连接件（种类、规格、位置和数量）。隔墙下轨道面应与活动隔墙底部地面齐平，确保下轨道固定不松动。活动隔墙上的孔洞、槽、盒应位置正确、套割吻合、边缘整齐。

（2）施工方法。流动隔墙施工工艺流程如图5.3.14所示。

木隔墙扇制作 → 弹隔墙定位线 → 安装导轨 → 安装回转螺轴、隔墙扇 → 隔墙扇饰面

图5.3.14　流动隔墙施工工艺流程

木隔墙扇制作：木隔墙扇，一般由工厂按设计施工图加工制作。其制作工艺与木门相同。加工厂派人到现场量尺确定制作扇数。为防止木隔墙扇干裂、变形，加工好的隔扇应刷一道封闭底漆。

弹隔墙定位线：根据设计图先在房间的地面上弹出活动隔墙的位置线，随即把位置线引至两侧结构墙面和楼板底。弹线时先弹出中心线，后接立筋或上槛料截面尺寸并弹出边线，弹线应清晰，位置应准确。

安装导轨：在上槛上按吊杆设计间距，从上槛槽钢上钻吊轨螺栓孔。导轨（一般采用轻钢成品）调直、调平后，按设计间距在导轨上焊接吊轨螺栓。其吊杆中心位置，应与上槛钻孔位置上下对应，不得错位。

安装回转螺轴、隔墙扇：吊轮由导轨、包橡胶轴承轮、回转螺轴、门吊铁组成。门吊铁用木螺钉钉固在活动隔墙扇的门上梃顶面上。安装时，先在扇的门上梃顶面画出中心点，固定时要确保门吊铁上的回转螺轴对准中心点，且垂直于顶面。安装回转螺轴，可在靠结构墙1/2隔墙扇附近留一个豁口，由此处将装有吊装的隔墙扇逐块装入导轨中，并推拉至指定位置。将各片隔墙扇连接起来，每对相邻隔墙扇用三副合页连接。连接好的活动隔墙扇在推拉时，总能使每一片隔扇保持与地面垂直，这样才能折叠自如。

隔墙扇饰面：当隔墙扇的芯板在工厂尚未安装时，此项工序应由工厂按设计图在现场完成。活动隔墙扇安装后的油漆也可由现场完成。

（3）质量要求。活动隔墙安装的允许偏差和检验方法应符合表5.3.6的规定。

表5.3.6　活动隔墙安装的允许偏差和检验方法

项次	项目	允许偏差/mm	检验方法
1	立面垂直度	3	用2m垂直检测尺检查
2	表面平整度	2	用2m靠尺和塞尺检查
3	接缝直线度	3	拉5m线，不足5m拉通线，用钢直尺检查
4	接缝高低差	2	用钢直尺和塞尺检查
5	接缝宽度	2	用钢直尺检查

3．玻璃隔墙

装配式建筑中玻璃隔墙是一种高至屋顶的，可完全划分空间的隔断。专业型的高隔断间，不仅能实现传统的空间分隔功能，还有采光好、隔声、防火、环保、易安装等特点。玻璃隔墙在可重复利用、可

批量生产等特点上明显优于传统隔墙。现在常用的玻璃隔墙一般分为无框式玻璃隔墙和有框式玻璃隔墙，具体施工工艺流程如图5.3.15所示。本小节适用于无竖框玻璃隔墙施工（图5.3.16）。

弹线 → 安装固定玻璃型钢边框 → 安装大玻璃 → 嵌缝打胶 → 边框装饰 → 清洁及成品保护

图5.3.15　玻璃隔墙施工工艺流程

图5.3.16　玻璃隔墙

（1）弹线。弹线时注意检查预埋铁件位置是否正确（如果没有预埋铁件，则应画出金属膨胀螺栓位置）。

（2）安装固定玻璃的型钢边框。如果没有预埋铁件，或预埋铁件位置已不符合要求，则应首先设置金属膨胀螺栓焊牢，然后将型钢（角钢或薄壁槽钢）按已弹好的位置线安放好，在检查无误后随即与预埋铁件或金属膨胀螺栓焊牢。

（3）安装大玻璃。首先玻璃就位，在边框安装好，先将其槽口清理干净，槽口内不得有垃圾或积水，并垫好防振橡胶垫块，用2～3个玻璃吸器把厚玻璃吸牢，由2～3人手握吸盘同时抬起玻璃将玻璃竖着插入上框槽口内，然后轻轻垂直下落，放入下框槽口内。如果是吊挂式安装，在将玻璃送入上框时，还应将玻璃放入夹具中。

（4）嵌缝打胶。玻璃全部就位后，校正平整度、垂直度，同时用聚苯乙烯泡沫嵌条嵌入槽口内，使玻璃与金属槽接合平伏、紧密，然后打硅酮结构胶。

（5）边框装饰。一般无框玻璃墙的边框嵌入墙、柱面和地面的饰面层中。因此，在加工墙、柱面或地面的饰面层时，应用9mm胶合板做衬板，用不锈钢等金属饰面材料做成所需的形状，并用胶粘贴于衬板上，从而得到表面整齐、光洁的边框。

图5.3.17　整体卫浴

（6）清洁及成品保护。无竖框玻璃隔墙安装好后，用棉纱和清洁剂清洁玻璃表面的胶迹和污痕，然后用粘贴不干胶条等办法做出醒目的标志，以防止碰撞玻璃的意外发生。

5.3.3　整体卫浴安装

PC建筑宜设置整体卫浴（图5.3.17）。设计时应当与整体浴室制作厂家对接，确认整体浴室的尺寸、布置、自来水、热水、中水、排水、电源、排气道的接口，并将接口对结构构件的要求（如管道孔洞、预埋件等）设计到构件制作图中。

整体卫浴是工业标准化生产的预制式整体卫生间，由工厂加工生产、现场组装而成，它采用一体化的防水底盘或浴缸和防水底盘组合、一体化洁具组合、壁板、顶板构成的整体框架配上各种功能洁具形成的独立卫生单元，具有淋浴、盆浴、洗漱、便溺四大功能及其任意组合功能。

整体卫浴安装
（教学视频）

具体施工工艺流程见图5.3.18。

图5.3.18　整体卫浴安装施工工艺流程

（1）整体卫浴选型。不同卫生器具组合的整体卫生间安装最小尺寸应满足规范要求，测量卫生间尺寸与整体卫浴尺寸是否相吻合，确定各区域大小与装饰风格是否满足设计要求等。选购时首先应考虑配套产品，整套产品的各个部件、配件，都应处在同一档次水平；配套产品造型风格、色调必须与卫生间装饰风格相匹配，这样才能和谐美观。

（2）管线预埋预留。根据选型整体卫浴样本确定预留排水管道、给水管道、电气线路安装位置，排气管路预留位置和安装标高。排水管道要考虑坡度要求；排气管道尽可能靠近排风井，管道尽量短、少绕弯，减少阻力；电气线路主要根据产品样本确定接线箱位置，应根据《建筑电气工程施工质量验收规范》（GB 50303—2011）的要求确定进线电线、电缆规格（图5.3.19）。

图5.3.19　整体卫浴管道位置

（3）整体卫浴间组装。在组装前认真学习产品组装说明书，熟悉组装流程，打开进场包装进行进场检验，根据装箱清单清点相关组件是否齐全。按照产品说明书进行组装，先组装整体卫浴间，包括底板、壁板和顶板，做到接缝对接严密，连接可靠。再进行卫浴间内洁具（如浴缸、洗手盆、坐便、地漏等）安装，检测洁具上、下水工作是否正常，排水是否通畅。安装换气扇、毛巾架、镜子等配件，应满足相关规范要求。

（4）电气系统安装。将外部线路与整体卫浴箱进行压接，压接前进行卫浴间内线路绝缘测试，包括插座、浴霸、换气扇等。外部系统送电测试，检测插座相序、浴霸及换气扇工作是否正常。

（5）检查整体卫浴地面渗漏情况。对地板进行闭水试验，对地面上地漏进行封堵，对地面进行注水，观察液位是否发生变化，应做到不渗不漏（图5.3.20）。

图5.3.20 整体地面

整体浴室设计应方便使用、维修和安装；所有构件、配件的结构应便于保养、检查、维修和更换，卫生间的建筑设计空间与整体浴室的最小安装尺寸相配套；整体浴室的开门方向必须与建筑卫生间的开门方向相一致，整体浴室有管道一侧应与建筑卫生间管道井的位置相一致；建筑中采用明卫生间时，应与产品供应商协商，做好整体浴室开窗和配件位置的调整；采用暗卫生间时，建筑应配备具有防回流、防窜气的共用排气道，整体浴室应预留安装排气机械的位置，并与共用排气道的排风口相对应；整体浴室地面应安装地漏，地漏水封深度不小于50mm，并采取防滑措施，清洗后地面无积水。

整体浴室内易锈金属件不应裸露，必要时应做防锈处理；各类电器系统应做好防水处理；整体浴室的采暖方式和热水系统供应方式要结合具体工程做相应处理；整体浴室的门要具备在意外时可从外部开启的功能。

5.3.4 橱柜安装

橱柜安装（教学视频）

橱柜安装宜在墙地面装饰施工及各种管线安装完成后进行。橱柜安装应按设计要求的品种、规格、数量和位置设置预埋件或后置埋件。有底座的橱柜应先安装底座，调整水平后固定，再安装上部柜体，如图5.3.21所示。

图5.3.21 橱柜安装示意图

具体施工流程如图5.3.22所示。

图5.3.22 橱柜安装施工流程

（1）配料。配料应根据家具结构与木料的使用方法进行安排，主要分为木方料的选配和胶合板下料布置两个方面。

（2）画线。画线前要备好量尺、木工铅笔、角尺等，应认真看懂图纸，清楚理解工艺结构、规格尺寸和数量等技术要求。

（3）榫槽及拼板施工。榫的种类主要分为木方连接榫和木板连接榫两大类，但其具体形式较多，分别适用于木方和木质板材的不同构件连接。

（4）组装。木家具组装分部件组装和整体组装。组装前，应将所有的结构件用细刨刨光，然后按顺序逐渐进行装配，装配时，注意构件的部位和正反面。

（5）线脚收口。采用木质、塑料或金属线脚（线条）对家具进行装饰并统一室内整体装饰风格的做法，是当前比较广泛的一种装饰方式。

橱柜安装的允许偏差和检验方法，如表5.3.7所示。

表5.3.7　橱柜安装的允许偏差和检验方法

项次	项目	允许偏差/mm	检验方法
1	外形尺寸	3	钢尺检查
2	立面垂直度	2	垂直检测尺检查
3	门与框架的平行度	2	钢尺检查

知识拓展

1. 开工准备

现场交底是施工开始的第一步。面向大规模定制的住宅装修的现场交底由开发商、设计师、工程监理、施工负责人四方参与，在现场由设计师向施工负责人详细讲解预算项目、图纸、特殊工艺，协调办理相关手续。

（1）图纸准备。交底时必须有的图纸包括原始结构图、平面家具布置图、地面布局图、天花板布局图、强弱电电路图、水位图、大样图、立面图以及相对应的节点图。

（2）技术准备。施工管理人员应熟悉施工图纸，熟悉具体的施工工艺，建立相应的质量检查制度。

（3）材料准备。根据设计汇总材料的品牌、规格、数量及材质，选择材料商供货；根据实际情况安排材料进场、验收及堆放；对材料进行使用追踪，清验。

2. 制造装配阶段运作过程

制造过程客户一般不参与，可以通过信息化平台查询制造执行情况。整个制造过程从部品生产企业收到开发商递送的定制模块和通用模块后开始，通过企业资源计划、柔性生产系统、供应链管理系统进行生产。首先，将模块进一步分解为通用部品和定制部品，形成构配件清单，由下游的构配件生产企业进行相应构配件的配置，并及时传递给部品生产企业，部品生产企业利用构配件生产定制部品，结合已有的通用部品形成相应模块。然后，交由开发商在现场对模块进行装配施工，完成整个装修过程，验收合格后交付使用。

5.4 质量与安全要求

> **想一想**
>
> 装配式建筑质量由构件工厂预制质量和现场安装质量构成，现场安装质量控制重点在哪里？装饰等附属构件质量控制要点是什么？

5.4.1 总体要求

室内施工的质量和安全（教学视频）

1．工程质量要满足的要求

工程质量要满足以下5个方面要求：

（1）适用性：施工效果良好，使用方便，功能性强，工程造价适中。

（2）可靠性：结构安全可靠，强度、稳定性等综合性能符合有关技术标准的规定和要求。

（3）耐久性：在物理化学作用下可安全使用到规定年限。

（4）美观：装饰造型独特、合理美观、新颖大方，并与建筑环境协调。

（5）安全性：主要是指施工方便和安全。

2．工程安全控制阶段划分

工程安全控制是一个系统过程，按时间阶段可分为以下3类：

（1）施工前的安全控制。

（2）施工过程中的安全控制。

（3）工程完成后的安全控制。

施工单位对工程安全负有最终责任，为确保最终达到合同的技术质量安全要求，可通过高素质的质量管理队伍和施工质量保证体系来完成。

5.4.2 检查内容和方法

1．检查内容

开工前检查，目的是检查是否具备开工条件，开工后能否连续正常施工，能否保证工程质量；工序交接检查，对于重要的工序或对工程质量有重大影响的工序，在自检、互检的基础上，还要组织专职人员进行工序交接检查；隐蔽工程检查，凡是隐蔽工程均应检查合格后方能封闭；停工后复工前的检查，因处理质量控制问题或某种原因停工后需复工时，也应经检查认可后方能复工；分项、分部工程完工后，应经检查认可，签署验收记录后，才允许进行下一项目施工；成品保护检查，检查成品有无保护措施，或保护措施是否可靠。此外，还应该经常深入现场，对施工操作质量进行巡视检查，必要时，还应进行跟班或追踪检查。

2. 检查方法

（1）目测法：其手段可归纳为看、摸、敲、照。

（2）实测法：就是通过实测数据与施工规范及质量标准所规定的允许偏差的对照，来判别质量是否合格。实测法检查的手段可归纳为靠、吊、量、套。

（3）试验检查：指必须通过试验手段，才能对质量进行判断的检查方法，如对钢结构进行稳定性试验，确定是否产生失稳现象，对钢筋对焊接头进行接力试验，检验焊接的质量。

5.4.3　工程质量评定规则与组织程序

1. 检验分类

（1）施工检验：按"三检制"（指自检、互检和专检）对分项工程进行检验，并填写单项工程质量评定记录表。

（2）监督检验：对工程进行监督检查。

（3）验收检验：施工单位及有关部门按抽样方法，对所有分项工程、分部工程、单位工程进行检验，由法定质检部门核定其等级。

2. 抽样方法

各分项工程的抽样按随机方法确定检查的位置和数量，按有代表性的自然间抽10%，但不少于3%间，每一间的间抽处数和部位符合规定。

3. 判定原则

（1）分项工程：保证项目必须符合相应质量要求中的规定，基本项目抽检处（件）应符合相应质量要求的合格规定，允许偏差项目抽检的点数中，有80%及以上的实测值在相应的允许偏差的范围内。

（2）分部工程：所含分项工程的质量全部合格。

（3）单位工程：所含分部工程的质量全部合格。

> **知识拓展**
>
> 　　质检员的现场目测质量检查是一种主要方法,其涉及的范围可以很广,能在一天内发现许多警告信号或质量低劣的征兆。虽然有些目测检查结果不能作为质量的正式判定依据,但对这些部位进行进一步检验,及早解决工程的质量问题,对施工非常有利。
>
> 　　经验丰富的质检员,在觉察缺陷与低劣操作工艺的警告信号方面往往具有敏锐的鉴别力,但应培养出观察、记录并报告所见的操作工艺的习惯和洞察力。通过观察颜色、判断表面状况、简单卷尺的测量、步距测量、脚后跟检查压实过程等最简单的办法,留意过程存在的问题。
>
> 　　在施工过程中,应有计划地巡视工地各个部分,每天对全部工程巡视一次,当发现某些点的质量明显较差时,先指导操作者改善后再做全面检查,一般挑选质量较差的点进行取样抽查。技术负责人或质检员应做好检查和巡视的记录和个人日记。

学习参考

预制组合立管践行装配式建造模式(来源:预制建筑网)

装配式建筑的工业化精装修(来源:预制建筑网)

2016年"精装修标准施工工艺"(来源:预制建筑网)

典型装配整体式剪力墙住宅施工要点(来源:预制建筑网)

精装工程施工要点学习(来源:预制建筑网)

"干铺瓷砖"在装饰工程中的应用(来源:预制建筑网)

预制装配式建筑外墙防水构造及施工要点(来源:预制建筑网)

装配式混凝土工业化施工的思考、技术与实践(来源:预制建筑网)

装配式建筑的施工变革(来源:预制建筑网)

装配式建筑的装修效率(来源:预制建筑网)

小　结

  装配式建筑附件的施工是装配式混凝土结构建筑中的一项主要内容，建立室内部品安装体系是室内装配式施工的第一步，装配式附件施工涉及从客户交流到后期维护使用等各个阶段，其中施工阶段应划分为门窗安装、管线安装、室内装饰的各个部品施工。由于实际工程施工中存在较多的人为因素，实施标准化质量评定和配套施工图纸是工程得以完成的重要保障，通过对各部品施工安装的流程以及技术图的了解，为今后室内装配式施工打下坚实的基础。

实践　整体卫浴安装

【实践目标】

  1. 了解传统卫浴和整体卫浴的区别。
  2. 熟悉整体卫浴安装方法及要点。

【实践要求】

  1. 掌握整体卫浴安装的各种尺寸要求。
  2. 熟悉整体卫浴安装流程。
  3. 安装过程中注意安全。

【实践资源】

  1. 管线实训室。
  2. 可拆卸整体卫浴。
  3. 扳手等小工具。

【实践步骤】

  1. 布置整体卫浴安装实训任务。
  2. 学生分组（3~4人一组，选组长1名）。
  3. 安装步骤：

  4. 打扫实训室卫生，各类工具归类放好。

【上交成果】　每组上交一份1500字左右实训报告，详细记录安装过程。

习 题

1. 国内一般将工业化住宅部品分为门窗部品、（　　）部品、轻质隔墙部品、饰面墙部品4个子系统。
    A. 厨卫　　　　　　　　　　　　B. 楼板
    C. 吊顶　　　　　　　　　　　　D. 家具

2. 我国目前装配式装修层次属于（　　）阶段。
    A. 完整装配式装修　　　　　　　B. 准装配式装修
    C. 非装配式装修　　　　　　　　D. 基本装配式装修

3. 住宅装修各阶段过程中，最为重要的是（　　）。
    A. 图纸准备　　　　　　　　　　B. 技术准备
    C. 材料准备　　　　　　　　　　D. 人员准备

4. 以下不属于吊顶在构造上的构件有（　　）。
    A. 龙骨　　　　　　　　　　　　B. 预埋件
    C. 结构层　　　　　　　　　　　D. 防水层

5. 门窗安装中，门窗横挡的允许偏差为（　　）mm。
    A. 2　　　　　　　　　　　　　B. 3
    C. 4　　　　　　　　　　　　　D. 5

6. 铝合金门窗安装槽口宽度允许偏差为（　　）mm。
    A. 0.5　　　　　　　　　　　　B. 1.0
    C. 1.5　　　　　　　　　　　　D. 2.0

7. 玻璃吊顶安装时，玻璃安装应柔性连接，槽口采用的嵌条和玻璃及框应安装严密、不松动，必要时可采用（　　）处理。
    A. 粘接　　　　　　　　　　　　B. 榫卯
    C. 焊接　　　　　　　　　　　　D. 包裹

8. 楼梯扶手安装时栏杆间距允许偏差为（　　）mm。
    A. 1.5　　　　　　　　　　　　B. 2.0
    C. 2.5　　　　　　　　　　　　D. 3.0

9. 玻璃隔墙安装时的施工流程第一步是（　　）。
    A. 弹线　　　　　　　　　　　　B. 安装玻璃
    C. 固定玻璃　　　　　　　　　　D. 打填缝剂

10. 金属板吊顶安装时的施工流程第一步是（　　）。
    A. 弹线定位　　　　　　　　　　B. 固定吊杆
    C. 安装金属板　　　　　　　　　D. 安装龙骨

习题参考答案

模块1

1. A 2. C 3. D 4. B 5. B 6. B
7. D 8. B

模块2

1. C 2. B 3. A 4. B 5. C 6. A
7. C 8. C 9. B 10. A

模块3

1. A 2. C 3. D 4. D 5. B 6. C
7. A 8. C 9. A 10. D 11. D 12. B

模块4

1. A 2. D 3. C 4. A 5. D 6. C
7. D 8. C 9. D 10. B

模块5

1. C 2. C 3. A 4. C 5. D 6. C
7. A 8. D 9. A 10. A

装配式混凝土建
筑施工课程复习
（教学视频）

参 考 文 献

巴赫曼，施坦勒，2016．预制混凝土结构［M］．北京：中国建筑工业出版社．

北京市住房和城乡建设委员会，北京市质量技术监督局，2013．装配式混凝土结构工程施工与质量验收规程（DB11/T 1030—2013）［S］．北京：中国建筑工业出版社．

陈力，金星，王荣标，章梦杰，2015．叠合板式混凝土剪力墙结构工程施工问题及对策研究［J］．施工技术，44（16）：57-59．

方霞珍，2015．高层住宅装配整体式混凝土结构的施工与组织［J］．建筑施工，37（3）：318-320．

侯君伟，2015．装配式混凝土住宅工程施工手册［M］．北京：中国建筑工业出版社．

济南市城乡建设委员会建筑产业化领导小组办公室，2015．装配整体式混凝土结构工程施工［M］．北京：中国建筑工业出版社．

蒋勤俭，2010．国内外装配式混凝土建筑发展综述［J］．建筑技术，41（12）：1074-1077．

李杰，2012．承重预制混凝土叠合剪力墙PCF体系的施工技术［J］．结构施工，34（4）：314-316．

麦俊明，杨豹，2014．预制装配式混凝土建筑发展现状及展望［J］．广东建材，01：72-73．

上海市建筑建材业市场管理总站，2010．装配整体式住宅混凝土构件制作、施工及质量验收规程（DG/TJ 08—2069—2010）［S］．上海市定额站．

石帅，王海涛，王晓琪，2014．预制装配式结构在建筑领域的应用［J］．施工技术，43（15）：16-29．

孙传彪，叶乃阔，2011．叠合板式混凝土剪力墙施工技术控制要点［J］．安徽科技，09：46-47．

田庄，2015．装配整体式混凝土结构工程施工［M］．北京：中国建筑工业出版社．

王岑元，2006．建筑装饰装修工程水电安装［M］．北京：化学工业出版社．

王军强，2015．新型装配整体式混凝土结构施工技术［J］．四川建筑科学研究，41（1）：31-34．

杨嗣信，2005．建筑装饰装修施工技术手册［M］．北京：中国建筑工业出版社．

尹衍梁，詹耀裕，黄绸辉，2012．台湾地区润泰预制结构施工体系介绍［J］．混凝土世界，07：42-52．

张倩，2007．室内装饰材料与构造教程［M］．重庆：西南师范大学出版社．

赵秋萍，胡延红，刘涛，等，2016．某工程全装配式混凝土剪力墙结构施工技术［J］．施工技术，45（4）：52-55．

中国建筑科学研究院，2011．混凝土结构工程施工规范（GB 50666—2011）［S］．北京：中国建筑工业出版社．

住房和城乡建设部，2016．装配式混凝土建筑技术标准（GB/T 51231—2016）［S］．北京：中国建筑工业出版社．

住房和城乡建设部住宅产业化促进中心，2015．装配整体式混凝土结构技术导则［M］．北京：中国建筑工业出版社．